脚边的美丽 树

陶隽超／著

中国林业出版社

图书在版编目（CIP）数据

脚边的美丽. 树 / 陶隽超著. –– 北京：中国林业
出版社, 2018.3（2020.7重印）

ISBN 978–7–5038–9444–2

Ⅰ.①脚… Ⅱ.①陶… Ⅲ.①树木 – 普及读物 Ⅳ.
①Q94–49

中国版本图书馆CIP数据核字(2018)第037577号

责任编辑： 张　华

中国林业出版社·环境园林出版分社

出　　版：	中国林业出版社	
	（100009 北京西城区刘海胡同 7 号）	
电　　话：	010 – 83143566	
发　　行：	中国林业出版社	
印　　刷：	河北京平诚乾印刷有限公司	
版　　次：	2018 年 5 月第 1 版	
印　　次：	2020 年 7 月第 3 次印刷	
开　　本：	710 毫米 ×1000 毫米　1/16	
印　　张：	11	
字　　数：	220 千字	
定　　价：	59.00 元	

前　言
FOREWORD

　　学的是植物，喜的是植物，从事的倒也是植物，20 余年来，穿梭在门纲目科，徜徉于枝叶花果，虽然吸取了许久的灵气，无奈学养有限，终究未窥堂奥，年届不惑，于专业而论至多算得个玩票的。

　　只是因着这树木花草，幸而结识了数位有着共同频道的挚友，这一众树癖花痴，闲来说起的无非总是那些与植物碰撞出的火花。这些缤纷的火花，来自与植物交流所得，他们实是我们的朋友。

　　就着这"火花"，点燃了心中那一堆沉积许久的闲文野章——书中、口中得来的"树事"，渐渐地凝作了一面树与人、事结成的"三棱镜"。一方水土养一方人，一方水土也养一方树，人事亦是树事，树事本也人事，自古以来，树就与人的生活起居密不可分。

　　透过这三棱镜，树木折射出的美丽多面、多维，反观其中的人事倒也多了几分正经之外的逸解。在这里，树是"方物"，其中寓寄着乡风民俗、家乡味道、人生记忆，不再是干巴巴的"门纲目科属种"了，洋溢着一股"烟火味"，鲜灵灵地扑面而来。

　　把这些记录下来，是一直的想法，去年开了个订阅号，才得以付诸实际。不料动了个头，那支拙笔就停不下来了，勾隐方志、撷微本草、采风乡间、讨教耆宿，就连当年祖父经常挂在嘴上的那些树的"油盐酱醋茶"，也从黄口呱呱时的记忆中翻腾了出来，年余间不意凑起了数十篇，更不意竟蒙中国林业出版社垂青，得以结集付梓。

说起了订阅号得以开放，还全是张亿锋、郑军、吴鸣老师拍摄的那些树照的催化，如果没有这么多美图，是万万行不通的。

2017年7月在深圳召开的第19届国际植物学大会上，把"要重视、记载和保护有关自然和植物的原生知识、传统知识和乡村知识"列为植物工作者的责任。确实，以树作为一个信息的链接中枢，把各种与之相关的信息揉在一处，形成一个多维体，嵌合到社会，引起专业以外的感情共鸣，有利于植物事业的良性持续发展，尤其是在保护方面。要想如此，接地气、通人情是必需的，那么记录传承那些"树事"就是一个佳径。

《脚边的美丽——树》庶几如此，书中计较了树的实用价值，也清晰了人与树和平相处的路由，一幅以树为纸墨绘就的"清嘉录"徐徐展开。让我们回到了往日，从中体会到了历史的蕴积；使我们走向了未来，思考如何绵延这一缕文脉；更让我们凝聚乡土情怀，提升了对生活的热爱和领悟，深感当下保护树木资源的紧迫。每一篇文字、每一张图中，洋溢着一股对树坚韧生命力的赞美、对树荫庇生灵的感激，参与这本书的人都将自己融入了树中，而后又走了出来，带着浑身的"树味"。

囿于地域之见，这本书里的文章记的都是苏州一地的"树事"，然而，树事应是相通的，无非围着树跟大伙儿扯扯家常，希冀能给同道中人些许快乐。

陶隽超

2017年12月

目 录
CONTENTS

前言

冬青柏枝

　　冬青柏枝，苏州人念作冬青柏茨，是以松、柏枝条为主，副以石楠、冬青扎成的"送灶柴"。旧时十二月廿四是苏州的"送灶"日子，傍晚时分，家家户户都要拿糖元宝、送灶团祭灶，然后把贴在灶墙上一年的灶界老爷请下来，掰点糖元宝把它黏在"轿子"上，用"送灶柴"焚送上天。灶界老爷坐的"轿子"叫"灯挂轿子"，是由挂油盏火的竹灯挂担纲，烧剩的灯挂要还进灶膛烧掉，称为"接元宝"。

　　以前每到腊月，农民从山上地头采折松、柏、石楠、冬青等枝条，扎成小把，挑到城镇沿街叫卖。乡下有祖坟的，则有坟客送来，酬以钱物，我们平常说的"打秋风"出典就在这里。

　　"送灶柴"用的松枝、柏条是马尾松和圆柏的枝条。马尾松是老早苏州山上的当家树，"多非种植，风吹松子自成"，一直到20世纪50年代依然十分茂盛，后来逐步被引进的湿地松替代，现在仅有少量存留。

　　圆柏在苏州栽培历史悠久，据载，唐代时候太湖周边山陵就有种植。目前留存的古树大都在庵观寺院、坟陵墓地或私家园林，数量多达200余株，森森穆穆，沧桑尽显，尤以光福司徒庙"清奇古怪"最为著名。

　　松、柏常青永寿，古时尊为百木之长。老早过年时候，松枝、柏条用处很多，不可或缺，除了送灶外，还要插在万年粮里、烧松盆占吉、岁朝清供、做插戴的柏子老虎花等等。

　　石楠，长于山上石间向阳处，苏州人叫它"石岩树"，乾隆、道光《苏州府志》

石楠

马尾松

圆柏

红果冬青

都说"吴俗多栽墓上"。其实，石楠四季常青，春梢红润，老叶红艳，是不错的庭院树，苏州宋代府学（文庙）就从山上移栽了几株，清时石湖畔泛月楼周边也有成片种植，文人屡有吟诵。

旧时称为冬青的有红果冬青和女贞，都是苏州山上的原住民，历代方志物产卷中"冬青"条下均列这两种树。红果冬青属冬青科，树皮颜色深，叶子窄长、边缘有锯齿，花紫色，果实红色，是鸟儿们的美食，广布于苏州太湖诸山，数量颇多，无论花时，还是果期，都是一道风景。尤其万木萧索之际，那一树一树的红果，伴着绿叶，亮亮的，让人顿觉生机盈山。女贞属木犀科，树皮颜色浅，叶子宽圆、边缘没有锯齿，花白色，果实黑色，明清时期，苏州种有大量女贞以取蜡，成为一种产业。

黄连头

腌金花菜、黄连头，是老早苏州春常里搭档的两样小吃，现在，腌金花菜还经常看得见，黄连头却只能就食于太湖当中的三山岛了。

黄连头是黄连木嫩头的腌制品，苏州人食用历史悠久，明崇祯《吴县志》记载"黄连树，极高大，其苗可食"。从前苏州人于当年四五月间摘取黄连嫩头，腌以甘草汁，甘草配黄连头，苦中有甜。来年大年初一，乡农把腌熟的黄连头跟"叫鸡"口哨搭档，沿街叫卖，以致"络绎不绝"，一直可以卖一个春天。

苏州人正月初一吃黄连头是对一种古老风俗的承续。以前，每逢正月初一，人们要吃椒柏酒和大蒜、小蒜、韭菜、芸薹、胡荽摆在一起的"五辛盘"，发五藏气，祛除一冬积下的肺热。随着历史的变迁，椒酒和五辛渐渐淡去，但苏州人还用黄连头替代，保留着这个习俗一直到近世。黄连味苦涩、性寒，清热燥湿，泻火解毒，开春食之，可解内热。

黄连木（*Pistacia chinensis* Bunge）是漆树科黄连木属落叶乔木，春花秋果，花黄、果红、秋色宜人，以前苏州到处都是，清乾隆《长洲县志》和《元和县志》说"黄连树，村落间俱有"。

黄连木与"哑巴吃黄连，有苦说不出"的"黄连"不搭界。"哑巴吃黄连"的黄连（*Coptis chinensis*）是毛茛科黄连属的多年生草本，味极苦，清凉解毒。黄连树只是"味带苦涩如黄连"，故而得名"黄连"。

黄连木的花

黄连木秋色

垂柳

杨柳树

苏州人称呼垂柳为杨柳树，杨柳树也是苏州地方对人的一种贬称，这种人，别的地方叫"墙头草"。

虽则如此，水乡苏州还是最适合"更须临池种之"的垂柳。垂柳树高数丈，枝条细长下垂，种在水边，随风飘曳，柔条拂水，特别是早春开花的时候，弄绿搓黄，大有逸致，跟桃花一搭配，更是不少人梦中的江南——柳绿桃红。

范石湖的《吴郡志》说"柳以垂者为贵"，苏州人也相当喜欢垂柳，吴地历来柳盛。据白居易讲，当时处处都"不似苏州柳最多"，多到走在路上"絮扑白头条拂面"；到了宋室南渡，柳树一度竟成土产，"苏州柳"遐迩闻名，范成大傍晚由盘门入城，看到的是"两行碧柳笼官渡"。这种盛况一直延续，元朝的道士张雨路过平江，第一印象是"柳影浓遮官道上"；明朝的唐伯虎在齐门城头上踱踱方步，随意一望，哦呦！"吴王城里柳成畦"。

苏州乡土的柳树不仅美，还有一个优点，《长物志》里说"其种不生虫，更可贵也"，确实，苏州乡间留下的"土柳"，从无天牛之虞，一直健健康康的。

"东吹先催柳"，垂柳春天发芽最早，桃李再美，终"须得垂杨相发挥"，才能标志出那一份春光。到了三伏天，"千丝柳绿引黄鸟，一片蝉声噪绿杨"却又是夏景的经典样板，苏州人还特地给呆在杨柳树上的蝉起了个名——杨师太。秋风萧瑟，"那河畔的金柳，是夕阳中的新娘"，垂柳的秋色虽不比银杏的庄严，也不如无患子的浑朴，但却自有一份柔意，别有韵致，绵延最久，直到年岁方始褪尽铅华。不久，才探得一点春消息，那交加的万万条便又是点点茸绿了。

垂柳

劈　梅

　　苏州，对梅花的兴致如同梅香，和而雅，植梅、赏梅、品梅无不精到，唐宋之时就"栽梅特盛，其品不一"，历来是栽梅、赏梅胜地。南宋淳熙年间，范成大退居石湖，营筑范村，"以其地三分之一与梅"，在吴地众多梅花品种中选择了 12 个，遍植其中。莳赏之暇，这位诗人还编著了《范村梅谱》。这本仅有一卷的小书，却是我国第一本植物学范畴的梅花专著，赖此一编，得以窥探梅花品种的演变脉绪。

　　范石湖的梅事早成烟云，苏州的梅花却在城西太湖之滨成就了另一番花事。光福的邓尉山上，数万梅花绵延三十余里，绽放时浩瀚如雪海，馨香袭人，真是"入山无处不花枝，远近高低路不知"的沉醉，"香雪海"遐迩闻名。西山国家森林公园里，也有万顷梅海，掩映在湖光山色中，别有一番情趣。

　　植梅、赏梅之外，另一雅事艺梅，苏州也是独傲天下。"香雪海"中的光福人，独创了一种梅桩制作形式——劈梅，将果梅、野梅截去树冠，对劈为二，上接各种赏花品种而成。劈梅桩景备受世人青睐，一时竟成洛阳纸贵之势，在明清两代都是禁中点名要的贡品。直到如今，许多光福乡间人家小院中还种上两三盆，用以自赏；每年苏州狮子林的梅展中，劈梅仍是主角。

　　明朝中期，吴门画派、书派、诗派等具有分水开山时意的文艺流派逐步形成，冲和自然之风渐成潮流。劈梅虽是人工，但不失野趣，如同一股清泉从当时"六台三托一结顶"等规则式盆景主流中咕涌而出，与时代风尚一拍抿缝，故而大受欢迎。

　　苏州除了花梅外，果梅也曾盛极一时。六月下旬的江南，梅子黄了，这段时间

劈梅

正好忽晴忽雨，特别闷热潮湿，样样东西要发霉，苏州人称呼为"黄梅天"。"黄梅天"里采下的黄梅，味甘酸，香气足。实大核薄的"冠城梅"最适合做蜜饯，盐腌名霜梅，糖煮为梅酱，做成的乌梅明清两代都是交纳太医院的贡品；另外一种"消梅"是鲜食品种，东山陆巷叶家曾经有数株"落地即碎，食之无滓，松脆异常"的"雪梅"，吃过的人无不啧啧赞叹"诚佳种也"。四月采下的青梅，味道特别酸，糖制、蜜渍、盐腌、酒浸都可以，还可做成翠梅，清脆怡口，开胃生津。

梅子

梅花

劈梅

玉兰片

苏州弹词《玉蜻蜓》中有这么一段情节。算命先生胡瞎子被金家请去问卜，老乡邻的女儿荷花正好在金家做丫头，热情招待。在等金大娘娘出来的档口，荷花妹子一面搭瞎先生攀谈，一面请他吃茶和茶点，四样茶点里有一样就是"玉兰片"。瞎先生那一阶段穷得饭也吃不连牵，听见吃是高兴得非凡，一本正经准备吃一饱，却吃到了放进嘴里就化掉的"玉兰片"，满心欢喜顿时变作一腔无奈，吃一担①都吃不饱的喟叹夺口而出，引人莞尔。

说书里提到的"玉兰片"，不是大家熟悉的闽、浙、赣、湘等地以笋片为原料制作的菜肴，而是真正用白玉兰花瓣做成的一种茶食，现在的菜谱中叫"酥炸玉兰"。

玉兰片在文人骚客嘴里是"雅食"。明代太仓的王世贞在自己弇山园中的弇山堂前种了五株白玉兰，花开时节，总要采撷将开未开的玉兰花瓣，敷以面粉，温油炸制，待玉兰花瓣微微泛黄，捞出来，蘸着蜂蜜来吃，"芳脆激齿"，想想也好吃。近代的周瘦鹃也很讲究，他在《园艺杂谈》一书中说"要是趁它开到五六分时，摘下花瓣洗净，拖以面糊，用麻油煎食，别有风味。"

在普通百姓眼里，玉兰片只不过是一种时鲜小吃。清朝光绪年间的《吴郡岁华纪丽》记载，农历二月里，女眷们在虎丘山玉兰房看玉兰花时，喜欢拾起落在地上的花瓣，回家洗净，拿面粉蔗糖拌和，下油熬熟，做成的是一个个的"玉兰饼"，文人的风雅消遣在这里变成了实实在在的生活烟火。

---

①担：市制重量单位，1担等于50千克。

"但有一枝堪比玉，何须九畹始征兰"，白玉兰纯洁、高雅，"功名两字总盼图"的读书人喜将自己的书斋唤作"玉兰堂"，庭前种起玉兰、海棠、牡丹、桂花，标榜清高的同时却难忘"玉堂富贵"，苏州的园林里留存多处。如今，白玉兰是苏州的主要景观绿化树，饮马桥头、莫邪路畔，花开之季，朵朵洁白，缕缕兰馨，真是"翠条多力引风长，点破银花玉雪香"，美不胜收。

玉兰叶

玉兰花

玉兰果

玉兰

太湖群体小叶种茶树

碧　脚

何为"碧脚"？就是苏州洞庭山碧螺春茶叶的等外品，或是炒碎的，或是拣落剩的下脚料炒制的，虽然卖相不灵，但确是嘀嘀呱呱碧螺春的味道，价廉物美，实惠得极，只不过市场上长久没看见。

碧螺春"形美、色艳、香高、味醇"，一向金贵，在清朝，独精制法的妙品，每斤价格就高达三两银子。但不过，从前洞庭山的茶叶从春分采至谷雨，依据时节和分拣精粗分为七级，价格相差较大，都叫"碧螺春"，再加上更加便宜的"碧脚"，苦的人家也总能买个一两、二两尝尝，皆大欢喜，土宜毕竟还应宜乡人。

正宗的碧螺春来自苏州洞庭山特产的"太湖群体小叶种"茶树。这种茶树有柳条叶、酱瓣头、紫茶等品种，叶细芽厚，萌芽晚于乌牛早等大叶种，种性优良，茶韵醇厚，更其间杂在满山的枇杷、杨梅、石榴、柑橘等果木之下，枝丫相接，根脉相通，和着花香、果味，难怪炒制出的茶叶吓煞人香[1]哉。

苏州人凡事欢喜"吃饱呒啥做"[2]，碧螺春的"采、拣、炒、烹"同样细腻而讲究。采茶一定要在黎明时分，"用指爪掐嫩芽，不以手揉，置筐中覆以湿巾，防其枯焦"。回到家里，立马拣去枝梗，并对青叶进行分级，有嫩尖一叶、嫩尖二叶，嫩尖连一叶的称"一旗一枪"等区别。随拣随炒，炒时追求"干而不焦，脆而不碎，青而不腥，细而不断"，以半熟为度，过熟就不香了。烹茶更具匠心，春秋中投，汤半下茶；夏上投，先汤后茶；冬下投，先茶后汤，无怪乎古人要深叹"烹茶之法，唯苏吴得之"了。

---

①吓煞人香：是碧螺春茶的别名。
②吃饱呒啥做：形容事事精细。

分拣好的青叶

果茶间作

碧螺春的淘伴

手工炒制茶叶，炒了几锅后，茶汁和着茶叶上的茸毛在锅壁上越粘越多，再继续炒茶叶就不利索了，既费力，又影响品质。这时就需要在锅壁上涂抹"茶油"，东、西山炒碧螺春一般用乌桕种子提取的"桕油"。山上乌桕树多，苏州人称它为"桕油树"，随手取材，物物相宜，这道炒茶的工艺洞庭山人代代相传。

乌桕花有雌、雄之分，雌花序着生在长长的雄花序基部，秋天结成一丛丛赤褐色的圆果，熟了，十字形裂开，露出三粒白籽，远远望着，犹如初绽的梅花。桕籽外面一层是蜡质的白色假种皮，由其压取的固体"皮油"用来做蜡烛和肥皂，也就是炒茶用的"桕油"，据说做的蜡烛很好，没有蜡泪；压榨黑色种仁而得的液体"清油"，味道像猪油，点灯极明，涂发变黑，还可入漆和用于造纸。

正因如此，乌桕历来一直是"甚为民利"的油料作物，明朝的《农政全书》说，"它果实纵佳，论济人实用，无胜此者"，当时江浙一带种得很多，一家种了几株，就不用买日用的膏油了，临安地方甚至还可以用桕籽来代替粮食交纳岁赋。为此，乌桕也因"油"而得名。《集韵》云"槗，桕也"，《六书故》曰"槗，膏物也"，"桕"就是脂膏之义。人们赖此树而备生平膏油之用，故而就用"桕"字来称呼它了。

油用以外，桕籽油渣可以用来壅田和当燃料，根皮都能入药，叶能作黑色染料，用来染布；木材不翘不裂，也是雕造器物的良材，难怪徐光启盛赞"一种即为子孙万世之利"。只是乌桕不宜种在鱼池边，因为乌桕的叶子落到鱼池里对鱼儿不利。

乌桕的花

"乌桕平生老染工，错将铁皂作猩红"，用来染皂的乌桕叶，随着秋意渐浓，叶色由黄而橙，至于秋晚，则"叶红可爱，较枫树更为耐久，茂林中有一株两株，不减石径寒山"；冬初叶落，诘曲枝头累累白果，"野水乱石间，远近成林，真可作画"，在苏州，城西的穹窿山就把这份意境诠释得庶几完美。如此佳树，苏州早就将它引栽于庭园，挑剔的文震亨在《长物志》里对其推崇备至，认为秋天的代表——枫叶也略逊一筹；到了清代，庵观寺院、私家庭院，譬如吴县文昌阁、虎丘蒋氏塔影园都有种植；如今更是在行道树中屡有应用，微丹之时，如霞之际，苏州的秋天因此平添了如许绚烂，更其多姿。

乌桕的果实

乌桕秋色

海棠糕

　　"海棠饼好侬亲裹，寄与郎知侬断肠"，这首吴歌里小姐妮做给情郎吃的就是苏州的传统点心——"海棠糕"。做海棠糕有一个专用模具，一块铁板上七个圈圈，一个居中，六个围边，搭像一朵海棠花，烘制好的海棠糕就像一瓣瓣海棠花瓣，圆圆的、扁扁的。撒满红绿丝、瓜子肉，焦糖色的糕面盖在雪白的糕身上，裹着沸滚发烫的玫瑰豆沙，又香又甜，买了一块，一路走一路吃，吃一口烫一口，苏州人吃了两百多年，从前，玄妙观西脚门口小摊上做的最有名。尽态极妍的海棠花，苏州人把它拟于糕点，吃在嘴里，落在肚里，苏式风雅从来不避人间烟火，丝缕粒米中，不经意间，就有那么一份惬意。

　　巡检"平江图"，在河路并行、纵横交错的"棋盘格"上，有一条小巷叫"海红花巷"，如今，这里唤作了"海红坊"，在宋朝时巷内曾有苏州尚不多见的海红花。海红花，就是西府海棠，因"以蜀中来"，故而有"西府"之称。

　　西府海棠最美，是古时人们的共识。宋朝吴中沈立在《海棠记》中有这样的描摹"二月开花，五出，初如臙脂点点然，开则渐成缬晕，落则若宿妆淡粉矣。其蒂长寸余，淡紫色，或三萼至五萼为丛而生。其蕊如金粟，蕊中有须三，如紫丝。其香清酷，不兰，不麝"。如此水灵灵的香艳，难怪东坡先生"只恐夜深花睡去，故烧高烛照红妆"，白天看不够，晚上还要看，自己不睡，还不让花睡，真真的可爱。

　　拙政园里有一处"海棠春坞"，海棠纹铺陈的院地，疏落地栽着海棠二本，翠竹一丛，天竹数枝，与太湖石一起，依着白壁，这一份惬意苏州人叫"坞逸"。这里的

垂丝海棠的果

海棠春坞

木瓜海棠的花果

西府海棠

海棠是"垂丝",一树千花,花梗细长,瓣丛丰腴,色如胭脂,重英向下,望之绰约如处女,娇媚至极,一场春雨过后,甘露新著,更其秾丽妖娆,真是看一眼都怕把它看化了的怜惜。因此,明朝的文震亨就说"余以垂丝娇媚,真如妃子醉态",把垂丝海棠喻作了华清池中的杨玉环,认为比西府海棠更胜一筹。

这种重瓣的垂丝海棠苏州人称为"莲花海棠",南宋时由范成大从四川移栽,他在《吴郡志》说"自蜀东归,以瓦盆漫移数株置船尾,材高二尺许,至吴乃全活",从此,这"花中之尤"每年都给苏州的春天抹上了"深浅胭脂一万重"。

两种海棠相较,西府枝干挺直,是唯一一种有香味的"海棠";垂丝枝干弯曲,花柄较西府为长,它们结的果实都叫"海棠果","其实状如梨,大如樱桃,至秋熟可食,其味甘而微酸",鲜食、入药、蜜煎、作酱,件件皆宜。

能与西府、垂丝争艳的"海棠"尚有贴梗与木瓜,合称"海棠四品",只不过前者属于蔷薇科苹果属,花在叶后;后者列在蔷薇科木瓜属,花在叶先。

贴梗海棠是丛生的灌木,花朵深红无香,贴着枝干着生,过年时就星星点点地开放了,绵延到五六月间尚有余花可观,木材奇坚,因此又名"铁梗"。果实叫皱皮木瓜,是一味中药。木瓜海棠不是"木瓜",而是毛叶木瓜,叶片背面幼时密被褐色茸毛,娇色的花朵簇生于枝上,开放在春天,远远望去,也是美得粉粉的。果实甜香馥郁,既可清供闻香,也可入药医人。

贴梗与木瓜两种海棠,在明朝时苏州就有种植了,当时贴梗海棠还是稀奇之物,王世懋在《学圃杂疏》中写到,"贴梗海棠在郡城中有之,当访求种法,以备一种",苏州周边的太仓等地没有,需要到城里访求得种。

贴梗海棠

刨花水

　　苏州评弹里描摹起那些特别爱漂亮的妇女，常用头发团上刨花水抹得苍蝇也立不牢脚，要打滑掉下这样的场景来形容。刨花水是滋养头发、定型增光的一种植物浸出液，一般都用榆树的刨花来浸制。其外，桃树和梧桐也能做刨花水，只是没有榆树的受欢迎。

　　榆树木材富含黏性物，用水浸泡就做成了黏稠的刨花水。储存刨花水的容器叫刨花缸，有长的、圆的，还有蝴蝶形、双钱形、双胜形①，盖子上都有数个小孔，既防落灰，又透气，刨花水放在这样的缸里不会变质。要用时，就用油板刷蘸了刷在洗干净或者梳清爽的头发上，打理好后，绢光滴滑，纹丝不乱，还隐约有一阵淡淡的香气。

　　旧时苏州有专门卖刨花水的生意，一种是卖现成的，只要带了家什到烟纸店里去另拷，有桂花香、玫瑰香、茉莉花香……林林总总，花样蛮多。一种是卖刨花，小贩肩上甩了一串串叠在一起的刨花，走街串巷，沿途叫卖。

　　1920 年的《洞庭东山物产考》里说苏州人对榆树"不研究，也不以为食"，榆树在苏州除了浸制刨花水，顶多用来做根把锄头、铁搭的柄，或者当硬柴烧饭。另外还派一桩用场，就是用磨细了的内皮拌在香粉里当香胶，做成线香、盘香，榆树的内皮也是黏黏的。

　　苏州人不派大用处的榆树，在北方却是滋生养民的宝树。《齐民要术》里讲，三年的榆树可以卖榆钱，五年之后木材就好做椽子，种了十年呢，一概器皿无所不任；

①双胜形：是两个菱形交错一个角的图形。

榆树

榔榆

到了十五年，好做车轴、车轮和大缸，而且年年修剪还可岁岁卖柴，"能种一顷，岁收千匹"，收入可观。值钱的榆树种植管理却很容易，"砍后复生，不劳耕种"，"唯须一人守护，指挥处分，既无牛耕、种子、人功之费，不虑水、旱、风虫之灾"，真可谓一劳永逸。

如今苏州不多见的榆树，旧志中倒屡有提及。一是古树的记载，如清代《吴门表隐》录有一棵晋朝的古榆，在光福石址庵；同治《苏州府志》里记有晋"咸和九年，吴县吴雄家有死榆树因风雨起生"的祥兆；乾隆《吴江县志》也记下了清康熙三十五年七月二十三日突发狂风暴雨，"城隍庙古榆四，大皆合抱，连根尽拔"的灾情；昆山马鞍山步玉峰上曾有数百年的双榆插天，这在光绪年间编纂的《昆新两县续修合志》里有记载。二是种植榆树的情况，如《昆新两县续修合志》里就有宋至和二年昆山疏浚至和塘时"莳榆柳五万七千八百"、清嘉庆十三年在文庙学宫之旁种榆十数株及清光绪六年在马鞍山"复植松柏桐榆梅桃，共计二百数十株"等三条相关记载。三是灾荒之年贫民剥食榆树皮的记载，这在崇祯十四年夏大旱和乾隆二十一年大疫两次天灾中都曾发生过。还有就是对榆树景色的描写，如明弘治《太仓州志》录有描写娄江"榆柳风轻客馆幽，帆樯不断往来舟"美景的诗句；民国《木渎小志》记载了木渎十景之一的"山塘榆荫"，清末木渎镇的山塘街夹植榆树，夏天浓阴蔽日，西风一起，满目秋色，实在是一处佳景。

但是，旧志里记载的这些"榆"，不一定都是榆树，也有榔榆，从苏州留存的老树来看，榔榆很多，人们常误称为"榆树"，其实榔榆与榆树的区别蛮大。榔榆树干弯曲，光而斑驳；树叶窄而厚，秋色绯红；秋花秋果，果实不能食用。榆树树干通直，糙而纵裂；树叶宽而薄，秋色嫣黄；春花春果，果实是很好的菜粮。

正因为古人在春天没有看到这种榆树和其他榆树一起结出榆钱，误认为"无荚"，就在榆前冠以郎字，称为"郎榆"，说它是雄的，不能产子。因为是树，后来再加了一个"木"字旁，就叫作"榔榆"了。

洋　枫

时下，引入日本盆景素材已是司空见惯，玩盆景的手里大多有个一两盆，细究起来，这倒是有渊源的。"出洋估舶候风还，载得洋花入海关"，至晚，在清代道光年间我国已有日本的五针松、鸡爪槭等盆景流入，当时称为"洋松""洋枫"，苏州人顾禄在《桐桥倚棹录》里记述虎丘花圃盆景时就提到了这些。

唐朝的常州人萧颖士写了一首《江有枫》的诗，其中有"想彼槭兮，亦类其枫"的说法，正因如此，"霜叶红于二月花"往往既有枫也有槭，直到现在，人们看见了鸡爪槭，第一称呼还是枫树。两"枫"相较，枫香一叶三歧，高耸参天；鸡爪槭叶分七裂，婆娑茸茸，而且鸡爪槭树叶里胡萝卜素和花青素含量比枫香要高，秋季经霜后，相比枫香的红橙杂糅，它红得更纯更透。

树姿清秀的鸡爪槭仗着那绚烂的秋色，奠定了它们在盆景里的地位，日本更是钟爱，早就培育了许多品种，争奇斗艳实不亚于姹紫嫣红、搓绿弄黄，难怪在100年前就漂洋而来了，并且颇受欢迎，时至今日，热度更是有增无减。

道光年间的《桐桥倚棹录》里除了有洋松、洋枫盆景生产的记录外，还记下了虎丘、山塘一带花圃销售洋茶、洋鹃的情况。这些海运而来的花木当时能在苏州得以生产推广，是因着苏州历来都是花卉盆景生产消费之薮，而虎丘一带更是凭着便利的水运、先进的生产技术、完善的生产设施、多样的产品供给和发达的行业体系，在明代早就成了江南花木的集散中心，花圃、花店、花行、花市、花商公所，还有痴爱花木的市民组成了一个高效的花木产业体系。

洋枫的花叶

这个产业体系对品种结构的调整是内在的需求，那么力求有市场的新品是必然的。早先，主要是南方浙、闽、粤、赣、滇诸省的花木源源不断运到苏州，后来，随着西风东渐，外洋的花木也日益兴盛起来，成为了一时的新鲜事物。这些外来花木和着苏州地产的盆景一起销往长江三角洲各地，老品新种杂陈，盆景花草俱有，商品结构完善而合理，市场需求长盛不衰，当时的南京因为有了苏州盆景花木的供应而改变了原来观赏花木匮乏单调的局面，居民的生活因此也大大增色。"其价高者一盆可数千钱"，当然，操持这些的花农、花商收入也是可观的。

鸡爪槭

洋枫

木香棚

《长物志》里说："木香架木为轩，名'木香棚'。花时杂坐其下，此何异酒食肆中？"被雅致的文震亨嫌俗的木香棚，却是苏州平常人家素来喜欢的末事，提到木香棚，老苏州们总是一脸的沉醉——香是香得来。

木香是藤本植物，别名锦棚儿，花分白、黄，型设单、重，花密而香浓，单瓣白花的香味尤其馥郁，据说十里开外也能闻到，因此，木香也被唤作了"十里香"。

种植木香从来都以棚架为宜，但种在园墙边、假山旁，藤蔓攀附，也能自成一棚。拙政园内倒影楼旁两架百年木香，一株重瓣白花，一株重瓣黄花，花开时"高架万条，望如香雪"；网师园彩霞池畔一墙白木香，自然静谧，别有韵致，同样好看。

木香与蔷薇同期开放，古人常将两者较量，比下来，认为"宜棚"的木香稍胜"宜架"的蔷薇，只是木香素净，未免冷落，需要和浓艳的蔷薇结伴，一为棚屋，一为墙垣，方得各尽其长两相宜。

"独抒性灵"的袁宏道认为木香花叶细小而繁，终是小家碧玉模样，他在《瓶史》中把牡丹比作主人，把木香与玫瑰、蔷薇等花比作婢女，花瓶插花时，只能陪衬在一旁。这种说法，虽则于木香不公，但于插花的搭配却再合适不过了。

木香棚

树　蔬

　　春天的野菜，有一些是从树上摘下的嫩芽，叫"木本蔬菜"，譬如香椿头和枸杞头，都是受欢迎的时鲜货；还有一些是树开的花，用这些花入肴称为"花馔"，其中的白鹃梅，苏州山上蛮多。

　　香椿头：以前，苏州人不吃新鲜的香椿头，只吃腌透的，因为苏州人认为香椿是发物，吃新鲜的容易诱发痼疾。而且只在热天吃，只有一种吃法，就是把腌香椿头切细，加好佐料，拌上嫩豆腐，叫"香椿头拌豆腐"，鲜香绝美，是流火烁金时早晚吃粥的不二佳品，如果再搭上只红黄咸鸭蛋，吃几片甪直萝卜干，那简直是做仙人哉！

　　香椿头好吃，需求量大，苏州很早就进行了人工生产的推广，明代《汝南圃史》《长物志》都提倡圃中沿墙要多植香椿，以供食用。到了民国二十五年（1936），苏州按照江苏省建设厅的要求，在境内公路两侧种植了大量的香椿，后毁于兵燹。近来十几年，苏州香椿头生产得到了一定规模的发展，还从外地引进了红油香椿，香气更为浓郁独特，香椿头炒蛋等菜肴已经成了家常菜，倒是香椿头拌豆腐逐渐退出了历史舞台。

　　枸杞头：苏州人吃枸杞头一直是煸炒着吃，重油、重糖，微微的凉苦中带着丝丝甘甜，肥嘟嘟，风味独特。正因为不加焯、煠①，炒好的枸杞头色香味俱全，所以一直被人啧啧称赞。唐代陆龟蒙喜食枸杞头，园中遍栽，每到"春苗滋生"，就"采

①煠：读 ye 音，是处理有毒野菜、苦的野菜或其他异味野菜的一种方法。

香椿的花果

枸杞的花果

撷供左右杯案"，吃得高兴，还专门写了一篇《杞菊赋》。明代太仓的王世懋在《瓜蔬疏》中称"枸杞苗，草中之美味"。近代的周瘦鹃谈到枸杞头，千句万句并作一句——"清隽有味"，叫啥不谋而合，范烟桥也讲了四个字"清香挂齿"，既简又中。直到现在，枸杞头还是桌上时鲜。在苏州，枸杞头得到了千余年的青睐。

白鹃梅：白鹃梅是蔷薇科植物，初春三月末开的花苞，染着淡淡的胭脂红，是一种可口的蔬菜，叫"花儿菜"，据说凉拌、煲汤、烧肉、蒸鱼都行。

苏州人蛮喜欢吃草，却不热衷于吃花，玉兰片早已成了烟云，糖桂花只不过是点缀，槐花炒蛋也是近来从北方传来的，至于其他地方念念不忘的藤萝饼好像没见过。同样，别处视为珍馐的白鹃梅，苏州人也不待见，从不摆上餐桌。

到了三月底，白鹃梅那恰似一颗颗小"梅豆"的花苞欣然绽放，洁白如雪，芬芳沁人，穹窿山、大阳山，苏州大小山头的山坡上、林道边星星点点，一阵东风过处，仿佛蛱蝶翩翩，美得醉人。

白鹃梅

白鹃梅的果

乌米饭

　　杜鹃花科乌饭树的叶子称为乌叶，汁青黑，味酸涩。用乌叶汁水浸泡着色后的糯米煮成的饭就是乌米饭，清香扑鼻，别具风味。据说，农历四月初八是释迦牟尼诞生日。从前，在这天，苏州的大小庙宇都要设"龙华会"，替释迦牟尼铜像沫浴，名曰"浴佛"，因此，苏州人称作"浴佛日"。在浴佛日，和尚们要烧乌米饭送给施主、香客们吃，善男信女们也必定要买了乌米饭来斋佛，尊称为"阿弥饭"，市面上还有"阿弥糕"出售。其实，说穿不得①，吴语中"阿弥"和"乌米"发的是一个音。

　　乌饭树的正名叫"南烛"，叶子像茶叶而圆厚，四季常绿；七月开小白花，如串串悬铃；八月结实，生青熟紫，甜中带酸，就像蓝莓的味道，在苏州太湖诸山、常熟虞山都能见到，一般长在林缘树下，一丛一丛的。乌饭树生长缓慢，慢到"初生三四年，状若菘菜之属，亦颇似栀子，二三十年乃成大株"，因此，古人称它"木而似草"。

　　乌叶汁色青而光，道家认为青是东方之色，与春天相应，能滋长阳气，把它看作"仙树"，说吃了乌米饭，能够"气与神通，命不复殒"，因此"斋日以为常"，名之为"青精饭"。仙家们制作青精饭通常还要加入"仙草"干石斛，并有一套严谨的程序，叫"青精干石䭀饭法"，三泡、三蒸、三曝，不同的季节有不同的浸泡方法，"惟令饭作正青色乃止"，极其讲究。何为"正青色"，估计就是黑头发的颜色，古称

---

①说穿不得：真实情况。

乌饭树

乌饭树

黑发为"青丝"。

虽说吃了乌米饭能长生不老只不过是道家的一厢情愿，但"久服，轻身明目，黑发驻颜"确是《本草纲目》记着的功效，因此，乌米饭同样是世俗间的时令美食、养生佳品，宋朝的《山家清供》开卷第一篇就是"青精饭"。

没有了宗教的寓意，民间制作乌米饭就随意得多，上山采摘乌饭树嫩叶后，切碎、捣烂、榨汁、过滤，混入糯米浸泡一两天后，煮熟就成了乌米饭，四月直到六月，"家家皆烹，户户皆食"，就这样，洋溢在灶头齿间的乌米清香伴随着山里人家辞春迎夏。

食用天然食品，贵在新鲜，吃乌米饭也最好是现烧现吃，一经重蒸，那特有的、吃到嘴里极其惬意的缕缕清香就跑得无影无踪了，看着黑乎乎，吃着淡刮刮，那个失落的滋味远甚于"味同嚼蜡"。

乌米饭

枇杷叶面孔

枇杷叶正面光滑碧绿，翻转来，是毛的，润肺止咳，和胃下气，在明、清两代，一直是苏州交纳给太医院的贡品。有种人，刚刚蛮客气，一歇歇说翻脸就翻脸，苏州人就称呼为"枇杷叶面孔"，活灵活现。

枇杷叶入药做成枇杷膏是后来的事，早先是生嚼的，"不假煮，但嚼食亦瘥人"；稍后是炙了用，炙前，要把叶背的黄毛弄干净，据说把毛吃下去"射肺"，反而会咳嗽得更厉害。

"东山枇杷，西山杨梅"，苏州的枇杷"出东山者佳"，有红沙、白沙两种，尤其是白沙枇杷，以前的照种、荸荠种、灰种、早黄，现在的白玉、冠玉，还有西山的青种，果如金丸，肉似羊脂，温润甘香，入口而化，吃在嘴里犹如掉入了蜜罐，在苏州人眼里，枇杷是"天赐吴人"的珍果，5月苏州的味道似乎就是白沙枇杷的"甘液胜琼浆"。

洞庭东山盛产枇杷，品质上乘，全因地气所致，明朝正德《姑苏志》里关于洞庭东、西两山有这样的记载："西，石青而润；东，石黄而燥。西宜梨，东宜枇杷"。

同处太湖边的光福窑上，曾经以盛产红沙枇杷而著名。据过去老人们讲，窑上红沙枇杷品质一点也不输东、西山的白沙枇杷，甚至有人专好这一口，提起来，总是回味无穷，常常为这一品种的消失而惋惜不已。

苏州人吃枇杷相当讲究，无论哪种，都以"独核"为佳，最好要无核，并且总结出了相应的生产技术——"初接则核小，再接无核"。"宿乩枇杷鲜杨梅"，在吃枇杷的时节上同样细致，枇杷熟七八分时就要采下来，摘下后过两天吃，果皮顺手而下，味道最佳，一般5月20号后，到6月初的枇杷最好吃。

苏州有一种吃局，把搓成小棍状指头长的面粉条在油里氽得皮色金黄，捞出来，凉了后，放在绵白糖里滚一滚，又香又甜，颜色也好看，钟情枇杷的苏州人说蛮像长长的枇杷果柄，就称其为"枇杷梗"，放在其他地方，估计就不会叫这个名字了。

"麻子麻，采枇杷，枇杷树上一条蛇，吓得麻子颠倒爬"，苏州的枇杷还跟天花的副产品——麻子搭界，这首儿歌虽然有些不经，但是却写出了枇杷叶繁荫深的特点和枇杷成熟时江南多雨潮湿的气候，枇杷树密密的树冠在5月里的江南确实容易招蛇。

枇杷，原先是两个字，意思分别是清理头发的编篦和收麦的耙子，合起来，在汉代也只不过是泛指"木"而已。篦子和耙子使用起来，一是向外披，一是向内耙，正好与从西域传来的琵琶的演奏方式相同，故而琵琶在中国最早的名字叫"枇杷"。后来，人们就把叶子、果子都很像琵琶的这种树叫作了"枇杷"。

白玉枇杷

大叶细蒂杨梅的花果

薰杨梅

　　"杨梅为吴中佳品，味不减闽之荔枝"，苏州的杨梅种类多，品质佳，先以光福铜坑紫杨梅独占魁首，后有洞庭东、西山的大叶细蒂，"味最佳"了 100 多年，其他如小叶细蒂、浪荡子、乌梅等等，各有风味，也是蛮好吃的。也有人说，在苏州，"杨梅诸坞皆产，其佳者不在光福所出之下"，确实，譬如树山的杨梅、常熟虞山宝岩的杨梅也都是名望普普，常熟除了出产紫的、红的杨梅外，还有一种白杨梅，叫水晶杨梅，杭州人称为"圣僧梅"，稀奇得很，一直是一果难求。

　　作为家乡的土宜，杨梅十分受欢迎，从古至今苏州人吃出了痴情、激情和豪情。有的"稍待杨梅熟"，就迫不及待地"牵船及此游"了；有的把杨梅当作了家乡的表记，深情吟叹"苏州好，光福紫杨梅"；有的树下狂啖，竟体会到了得功名时的荣耀与惬意，直到如今，枇杷余味未尽时，苏州人就要心活念念地牵记杨梅上市了。

　　正因如此，苏州人吃了一季的鲜杨梅，总舍不得就此罢手，还要想着法儿把这每年短暂的佳味留下来，慢慢地、仔仔细细地品尝，酒浸、蜜渍、糖腌、糠薰，总能由衷地发出"经年犹鲜"的赞叹，其实，内中更多的是一份情怀。

　　糠薰？是的，明清时期确有如今看来匪夷所思的一种加工方法——薰杨梅，正德《姑苏志》、同治《苏州府志》、民国《吴县志》均有记载，可惜都是寥寥数语，读来不知何物。幸好，大名鼎鼎的沈石田留下了一首《薰杨梅》诗，从中大致可知薰杨梅"肉多不走丸微瘦，津略加干味转滋"，看来色、味都不错。那么这个薰杨梅到底是怎么做的呢？另一位明代的苏州人韩奕在《易牙遗意》中记到："大杨梅置竹筛，放缸内，下用糠火薰，缸上用盖，以核内仁熟为度。入瓮时每一百个用盐四两，层层掺上，则润而不枯"，"润而不枯"着实让人好奇而期待，您若有兴趣，一试如何？

薰杨梅和酒杨梅一样，如果腹痛痢疾，吃个几粒马上见效。杨梅也能祛痰止呕，消食下酒，据说，在饮酒前吃一点杨梅的干屑，可防吐酒。苏州人在吃杨梅时经常要吞几粒杨梅核，说杨梅核能卷去留在肠胃中的猪毛。只是，杨梅性热多酸，多吃了伤热损筋，尤其鲜杨梅吃多了，牙齿要发软，这时候吃一口东西，钻心地疼。

古杨梅

古银藤　　　　　　　　　　　　　　　　　　　　　　　　　古紫藤

朱　藤

三十余年前的苏州，老人们把紫藤唤作朱藤，据说这是唐朝流传下来的古语。

"牡丹锦发，朱藤霞舒"，谷雨时节，藤花怒放，一架紫气，云蒸霞蔚，如此气魄，国色天香无奈也得让它三分。到了冬天，褪去翠华的紫藤，棚架上几丈的枝干，虬然蜿蜒，气势依旧。

在苏州，庭院中种植紫藤历来是盛事，堪比栽梅莳桂。南宋范成大在昆山玉峰山下读书时曾种了两株紫藤，后人称之"范公藤"。明、清两代苏州城内归田园、勺湖、凤池园等私家名园都以种植紫藤而著称，拙政园内文徵明手植的一株至今尚存。情痴红豆的钱谦益对紫藤十分喜爱，虞山拂水岩下耦耕堂中也曾"紫藤衣锦"。

紫藤有一白花变种，叫"白藤"，雅一点称为"银藤"，留园和昆山亭林公园都留存老藤，盛开之时，"怪来红紫无颜色，白玉玲珑盖一庭"，美而纯净。

紫藤生性强健，从不择地而生。穹窿山和邓尉山之间的山坞，地势险峻，旧时连清丈土地都没法完成，碰到干旱，田禾立槁。就是在这样的环境中，曾经"紫藤花落径苔深"，这个地方也因花得名，叫了"紫藤坞"。

"赤日隔繁阴，偃息可移榻"，紫藤生长旺盛，往往一架可荫蔽亩许，甚至有人担心在夏日风雨中，繁缛的枝条会压坍棚架，明朝的苏州状元吴宽就曾望着自己种的一架紫藤，心里"但忧风雨甚，高架一朝压"。

盛行于北方、与苏州无缘的紫藤花馔曾经也在吴地流行过，康熙年间的《重修常熟志》就有"朱藤花可俎食"的记载，据说，也是拖了面粉油里炸了吃。

藤樟交柯

皂荚

以前的肥皂

"老老头，勤忘记带两结毛豆转来给叫哥哥吃"，苏州人称呼带豆荚的毛豆、蚕豆、豌豆等的量词为"结"，皂荚树结的果子类同于此，因此被称为"皂结"。

皂荚树高大笔挺，高到上不了天的仙人，要靠它垫脚才能回去；大到可以荫蔽一亩地。每年五六月间开花，花后结成的果实如同悬着的狭长小刀，豆荚肥厚，多脂而黏稠，富含皂甙，用来制作的洗涤用品就是"肥皂"，直到民国后期，苏州百姓日常仍在使用。省一点的，买几结鲜豆回去，把豆荚泡一泡，煮一煮，就能用了；图个方便，那就买些做好的成品——"肥皂丸"，像橘子那样一颗颗的，直接使用。

皂荚的果实除了能做肥皂的那种外，还有两种，一种更长，粗大而虚；一种短小曲戾，名曰"猪牙"，全无滋润，都不能用来做肥皂，只是"猪牙皂荚"更适于入药，是治疗痈疽、中风、喉痹等恶疾的要药。据记载，从前有个叫崔言的大官，浑身生疮，吃了皂荚就好了；宋朝时，湖北蕲、黄两州流传各种喉疾，用了皂荚做的药，得到了根除。皂荚还能吃，嫩芽煤熟浸洗后，可当蔬菜；去皮的豆子浸软煮熟，用糖腌渍后，味美可口。

据说，皂荚与生铁有感召之情。皂荚树常常不结果，古人就在树干上凿孔放铁，或者钉些铁钉，立竿见影，马上开花结子。皂荚枝干长有刺上生刺的坚刺，难以攀爬，采摘果实不易，古人有一个妙法，用竹篾绕树干数圈，拿一个木砧钉住，一个晚上，豆子全数落下。

皂荚实在是个好东西，除了用来澡身去垢、治病果腹外，还能清洁空气，以前每逢黄梅天，溽热久雨，人们把皂荚和苍术放在一起烧烟，用来祛湿辟疫。皂荚也是一味食品保鲜剂，据说，宋朝时淮南人用它来保存盐酒腌渍的蟹，能够经岁不坏。崇祯《吴县志》记载"其荚又可收盐"，皂荚还是旧时煮盐生产中必用的凝剂，"将成时，投皂荚数片，始凝为盐"。现在，有些地方仍拿煮熟的皂荚当蜡用，纳鞋底时，把针线在上面抹几下，顺溜得多了。

古皂荚

端午榴事

"几供蜀葵石榴,户悬蒲剑蒜头,妇女簪艾叶榴花于髻",旧时苏州,每逢五月端午,人们都要采摘了石榴花,或清供,或插戴,火红火红的,吉利!

苏州人喜欢石榴,古来就"多植之庭院中"。莳赏之余,还早早地对花石榴、果石榴作了明了的区分。明末的文震亨称"千叶者名'饼子榴',酷烈如火,无实,宜种庭际"。这是花石榴,花有千瓣,热烈浓艳,却不结果。结果的石榴则是单瓣,嘉靖年间的王世懋谓"单叶有黄、白,浅、深红四种","至秋则结实,球形赤色,有黑斑,熟则自裂可食"。果石榴的花有钟状和筒状之别,结成果实的都是钟状花,筒状花开后很快就连蒂凋落了。

苏谚云"寒露三朝采石榴",石榴花在端午驱魅,果在中秋斋月。唐代,苏州洞庭东、西山就以出产果石榴著名,"渴与石榴羹",包山一带的村民常以石榴汁做的饮品代替茶水,给游客饮用解渴。到了清末,洞庭东山石榴产量达 70 多吨。抗战军兴,因着人造丝的兴起,东山的大片桑园改作了榴园,石榴生产面积一度达到 766 亩,产量比清末翻了一番。后来,随着果品生产结构调整,石榴面积逐年减少,现在,东、西山的石榴只是零星散落在田间地头了。

苏州地产石榴有青种、大红种、小红种、水晶、老油头、铜皮及虎皮等品种,其中,黄皮的水晶石榴核小味甘,最好吃。吃石榴,苏州人自有妙法,用大拇指沿着石榴蒂四周掐一圈,再用指甲顺着纵切几个等分的口子,去蒂掰开,如荷花绽放;合蒂并拢,则如莲灯在握,石榴味美,吃得也雅。

果石榴

除了花石榴、果石榴之外，民国《吴县志》还记载了一种四季开花结实的品种，这种石榴"春开夏实之后，秋又放花，花与果并生枝头，可供玩赏"，与现在绿化中用的"日本小叶石榴"很相近。

果石榴

花石榴

白兰花

苏州花茶

"广南花到江南卖，簾内珠兰茉莉香"，珠兰与茉莉这对因香结缘的姐妹花，一清雅，一馥郁，历来是用于窨制花茶的"茶花"。只不过珠兰娇贵，量少难管，随着茉莉花的逐年增加，1941年后就退出了茶花的队伍。

珠兰与茉莉来自南方，"料理园艺胜稻粱"的苏州虎丘人早就采用温室栽培，先进而精致的生产，保证了苏州茶花的上乘质量，朵大、瓣厚、蒂小、色白、香醇。明清时期，每当"熏风欲拂"时节，虎丘的花农天天挑了新摘的鲜花，早早地"毕集于山塘花肆"，茶叶铺争相购买，用以窨制花茶，称为"虎丘茶花"，因此还形成了一个"茶花村"。

那时苏州花茶的窨制，采取的是下花量少的"轻窨带花走法"，将用明火烘干的茶胚混入少量茶花，踩实装箱，窨制完成后以茶花干形、色定品，形成了独树一帜的"苏窨法"。珠兰入茶，只取花粒，称为"撇梗"；茉莉入茶，则需去蒂，号为"打爪"，因为梗、蒂有一股清渍气[1]，有碍质量。珠兰窨茶比茉莉窨茶多一道工序，窨制后需要复火烘干。

随着时代的变迁，苏窨法也不断改进，特别是茉莉花茶的窨制有了重大变化。1930年代后，茉莉花茶窨法改轻窨为下花量大的重窨，品种改尖头单瓣的"金华种"为圆头复瓣、香味更加浓郁的"香港种"，花朵处理改打爪为连爪，茶胚改原级原用为分级分用，用火改明火为文火，用花由几斤激增至数十斤，一级花茶，茶、花用量几乎一样，并且增加了白兰花打底、复火、提花、起花等工序，日趋精细，

---

[1]清渍气：草腥味。

最终形成了后来的茉莉花茶窨花工艺。

香花有"气质"与"体质"之分，茉莉花就是不开无香，怒放香销的"气质"香花，用以窨茶，需在花放虎爪形时方为最佳。而不开也香，怒放也香的另两种"体质"型虎丘茶花——玳玳花、白兰花的窨茶方式就和茉莉花有所区别。

虎丘的白兰花大概在清末民初从福建引入，早年专供佩戴，"栀子花、白兰花"是一对老搭档。由于白兰香味过于浓郁，素喜清雅的苏州人不喜欢，称之为"翁东味"，因此直到20世纪30年代初，白兰才开始入茶，只用于茉莉花茶头窨打底，以其浓香映衬茉莉清香，增加花茶香味的鲜灵感。随着苏州花茶生产吸收福州窨法及销路的转移，1939年，白兰花正式单独窨茶了，产量达到第三位。白兰花窨茶只窨一次，窨好后带花出货，工艺简单，品质不如茉莉花茶，主要销往济南及陇海线一带。

玳玳隔年的黄果到了来年的春天会回青，代代不息，故而得名。苏州的玳玳花是在清末由扬州转来的，窨制而成的玳玳花茶香气鲜浓，具有芸香科植物特有的甘爽滋味。到了20世纪30年代中期，因受花茶品种需求的转变，玳玳花一度跃居虎丘茶花产量的首位。因玳玳花蒂较厚，无法与茶胚同步干燥，所以传统窨茶采取的是"冷窨法"，品质不理想。后来经过实践，发现玳玳花耐高温，才采取了"热窨法"，并且中途起花，另行干燥，玳玳花茶品质也相应得到了大幅提高。

用于窨茶的茉莉、白兰、玳玳三种香花都是良药；茶胚经过窨制又得到轻度发酵，因此，北方人称呼花茶为"熟茶"，觉得比吃"生茶"绿茶舒服而有益，特别钟情。优质的原材料加上严谨的工艺，苏窨法制作的苏州花茶清雅而鲜灵，香气是活的，尤其受到欢迎，早在清代雍正年间就远销东北。到了民国初年，苏州花茶年销售总量已经达到了1.5万担，之后，花茶、茶花互相促进，两个产业一直保持产销旺盛的势头，直到20世纪80年代末期。

玳玳冬果

玳玳花干

茉莉花与茉莉花茶

白兰花

虎丘三花

"兰麝芳秾数百家，年年花事足生涯"，只识种花，不知播谷的苏州虎丘人，从清朝中期开始大规模发展茶花栽培，到民国初年逐步形成了以茉莉、玳玳、白兰为主的生产格局，人们把这三种花称为"虎丘三花"。"虎丘三花"原产南方，虎丘人凭着数百年积累下来的窨花、种花技艺，应付自如，茶花产量高，品质好，名重一时。

茉莉花：虎丘所产茉莉花是头圆复瓣的"香港种"，芬芳幽远，没有苦涩味，品质全国第一。虎丘茉莉花的寿命一般是 10~20 年，3~5 龄花开最盛。花期 6~10 月，分为"霉花""伏花""秋花"三期。其中，开在三伏天的"伏花"产量最高、质量最好。

茉莉花培植极易，在苏州，从谷雨到立秋，折枝随插随活。但以立夏后、小满前扦插最好，生根快、长势强，当年还可产花，因此花农盛称为"神仙插"。"神仙插"到 7 月上旬需要分种上盆，将扦插苗脱盆后，放在水中粗洗一下，取出后略晒至根微红，即可入盆栽种。

苏州生产茉莉花，冬天保温至要，虎丘人采用了传统的"窨花法"。窨花，也叫"唐花"，就是"烘焙所放非时之花"的技术，据说这种技术传自唐代，故而名"唐花"，"一年衣食在花开"的虎丘人十分擅长。每年霜降至清明时节，把花放入花厢进行温室栽培，"画廉轻而烘日，翠幕小而藏风"，花厢要门窗紧密，严寒天气更要糊窗缝，封草帘，不可透得一点风。

在密闭的花厢内养茉莉花，浇水也是特别要紧。依据不同时节分为三种不同的浇水法，过干落叶，过湿烂根，马虎不得。从进厢到冬至浇"户水"，需次勤而量少；立春前浇"冬水"，水量适当增加，但忌过于潮湿；雨水到清明出厢浇"春水"，必须常带三分干，保持盆面不干不湿。

出厢后的茉莉花，要放在倒扣在地面的空盆上，通风透水。放置定当后，立即浇水，浇足浇透。此后，需要按季掐叶、修枝、去"瞎嫩头"①，加上严格的肥水管理，才能保证鲜花高产高质。到了赤日炎炎的伏花期，要特别留意，确保肥水浇灌匀当，否则会引起花瓣变红而烂掉的红花病。

茉莉花

———————————

①瞎嫩头：徒长枝。

玳玳花： 虎丘种植玳玳花是清朝咸丰、同治年间由扬州移来，最初都是以枸橘为砧木的嫁接树，鲜花产量低。在清末，虎丘人改用扦插繁殖后，生产的玳玳花量多、朵大、瓣厚、蒂小，香气浓郁，用于佩戴清香扑鼻，窨制的花茶甘爽鲜浓，烘制的花干香久不散，入药泡茶两相宜，备受欢迎，苏州成为了国内玳玳花第一产地。

玳玳花寿命长达百年，五龄树开始大量开花，每年 5~10 月间花开三期，主花期在立夏前后，称为"春花"，因质量最好，也叫"正花"。夏至前开放的"黄霉花"，主要留作结果用，晒干的玳玳圆是一味良药，名唤"苏枳壳"。白露至寒露间开的"秋花"数量不多，质量最次。

玳玳花耐寒力强，每年立冬至来年春分，只要进花厢，不需采取加热措施，养护的关键在一"干"字，一个冬天浇水不多于四次，宜干不宜湿。春分出厢，浇透"出厢水"后，要干花一次，此后，每逢"转花"，都得干花，只是到霉花结束后不可像前两次那样大干。

出厢期的玳玳花，日常肥水管理相当重要，基本两天水一天肥，不干不浇，干湿允当，要防止脱叶和烂头两种生理病害的发生。尤其是梅雨季节，要格外当心，切忌干盆施肥，湿盆浇水，略有疏忽，就会影响花树生长，一旦受损，需三年左右才能恢复树势。

虎丘玳玳花扦插繁殖比茉莉花要讲究得多，必须在时交"三莳"（苏州习俗夏至日起叫"进莳门"，后 13~15 天叫"三莳"。莳，即莳秧）档口进行，所选插条一定要当年生长的梗圆、节密，长约三寸连叶的新嫩头，否则不易成活。插活后，要等到来年清明节后分种，才能保证成活率。

玳玳花

玳玳青果

白兰花：虎丘白兰花都是以紫玉兰为砧木的嫁接树，每年 6、7 两月产花最多，9~11 月次之，花香较闽粤大田栽培的更为浓郁，除了用来窨茶，还是近数十年来人们最喜欢佩戴的香花，一到黄梅天，好婆们"栀子花、白兰花"的叫卖声，随着馥郁的花香彻日飘洒在苏州的大街小巷，那时苏州人卖花没有细皮嫩肉的姑娘，只有面孔百格来皱的好婆。

白兰花冷不得，热不得，是"虎丘三花"中最娇贵的一种，温、水、肥管理相当讲究。"清明断雪，谷雨断霜"，白兰花经不得一点暗霜，与玳玳、茉莉相比，进厢早、出厢迟，冬天只要花厢稍微漏点风，就要冻伤。浇水一定要见干见湿，不干不浇，干则浇透，肥料更是要薄肥勤施，冬天浇水还不能太凉，否则不是引起烂根，就是造成落叶枯梢，重则死树，轻则丧花。

白兰花

女贞的花果

蜡 树

女贞，"凌冬不凋，人亦呼为冬青"，明朝东山人王鏊写的《姑苏志》里说："冬青树，所在有之，陈墓村落间为盛，土人种以取蜡"。在明代，女贞是遍布苏州四乡八镇的一种经济树，人们用来生产白蜡，因此，当时称呼女贞为"蜡树"。

白蜡，又名虫蜡，主产我国，也称"中国蜡"，是由寄生在一些木犀科植物上的雄性白蜡蚧二龄幼虫的分泌物形成，女贞是最适宜于放养蜡虫种虫的一种树。明清时期，每年立夏前后，苏州人把蜡虫种子放到女贞树上，到了农历七月，就树收蜡，周而复始，"大获其利"。

"放蜡之利甚溥"，明清时期苏州白蜡产业发达，主要产地除了正德《姑苏志》提到的昆山陈墓（锦溪）外，虎丘山一带也有相当规模。时至清季，日趋衰落，进入民国，本地使用的白蜡"来自蜀中，非吴产也"，苏州地方已经没有白蜡生产了。

据明朝苏州人周文华说，苏州地方女贞开花，"花含蕊必雨，花脱则晴"。女贞树头开出一束束白花时，正值江南梅雨，出太阳也要落雨；花谢结果，恰好7月，正是苏州最热的时候。

女贞花怒放时，散发出一股橡胶味，古人嫌之"气臭"，但是结的果子倒是一味"仙药"，称为"女贞子"，"主补中，安五脏，养精神，除百疾，久服肥健，轻身不老"。女贞的嫩芽、嫩叶在荒年也可充饥，只不过味苦，需要经过煤熟后，用冷水浸去苦味，淘干净，才能入肴。

那么，女贞为啥叫女贞呢？清朝的《广群芳谱》说"凌冬青翠，有贞守之操，故以贞女状之"，照此说法，松柏也可冠以"女贞"之名。现代的植物学家、科学史家夏纬瑛在《植物名释札记》中考据道，"女贞，当作女桢"，木质坚韧，故名"桢"；"树虽甚老大亦不甚高"，所以称为"女墙"之"女"，矮小义也。

女贞行道树

缠不清的 "铁树"

　　江南红豆树的种子和铁树的种子外形很像，从前在苏州，铁树稀奇，红豆树也不多见，以讹传讹，从明朝末年苏州人褚人获的《坚瓠集》到民国初年成书的《吴县志》都说 "铁树即红豆"，在 1934 年，还因此而弄得蛮闹猛，搅动了一江春水。

　　当时，郎中先生程思白看见常熟人俞友清放在苏州明光眼镜公司寄售的虞山红豆，"粒大形扁，色红而不殷"，与他自己得自歙县的 "大如黄豆，色鲜红而始终不黯" 的红豆大不一样，误认为是铁树的种子，随后，立即撰文发表于《苏州明报》予以批驳。

　　不意此文一出，引得大名鼎鼎的学者章太炎、金松岑、范烟桥，苏州中学校长吴子修，还有俞友清本人，纷纷介入，热闹一番后，最终范烟桥作了总结，"虞山红豆，形扁如扁豆，苏州、江阴、吴江等属之。歙县红豆，浑圆如黄豆，嵊县、广州等属之⋯⋯尚有藤本者，亦结红豆"，弄清了虞山的红豆也是真正的红豆。事后，俞友清还编辑出版了一册《红豆集》，二百余页，留存了不少有关江南红豆的诗文资料。

　　范烟桥说的藤本红豆是相思子，出在热带，种子像赤豆，半红半黑，有剧毒；程郎中藏的是海红豆的种子，也产自粤、桂，颜色红艳得很。虞山红豆大名鄂西红豆树，也叫江阴红豆树，就出在江南一带，5 月开花，"色白如珠，微香浓郁"，到 10 月结成红豆，一荚一粒，粒大色艳。只是红豆树并非年年开花结果，有时得等个数十年，即使等到了开花也不一定结实。

红豆树的花

红豆树的花果

以前，苏州的红豆树，也就那么十数株，寓寄着相思之情的红豆在苏州一直是个稀罕东西。钱谦益八十寿辰恰逢家中红豆树开花，遍邀江南诗坛名流到红豆山庄赏花会诗，盛况空前；惠周惕得到了一棵红豆树，立马自称"红豆主人"，把家里也改叫了"红豆书庄"；怡园主人顾公硕特地把一棵红豆树当宝贝一样赠给了周瘦鹃，现在还在王长河头的"紫兰小筑"里长着。还有，上文提到的程思白在报纸上一说要将私藏的红豆送人，第二天大清老早家里门口就排起了队，索者纷纷不绝；特别是，常熟虞山红豆曾在 1934 年的江苏省物品展览会上得到了特等奖，可见世人珍爱的程度。

因为稀奇，世人就把红豆居为奇货。补白大王郑逸梅在《志天池山之铁树子》一文中说，每到香讯，山上的和尚就拿庙里产的红豆换香火铜钿，一斗豆能换数百金；平望莺脰湖上圣观内的红豆，须用番佛一尊，才能换得二枚。但是，在文人眼里，红豆是一等一的雅物，如果谁拿来卖钱，他们就要喟叹"红豆而可买，辱没红豆矣"。当时，年纪大的好婆喜欢拣匀圆的红豆镶嵌在插戴的首饰上，用来避邪，文人看见了也要大呼"有失相思韵致，我当为红豆叫屈也"。

古树上记载的苏州古红豆树，大多化作了烟云，如今，只有常熟一带红豆古树独盛，红豆山庄的那棵年代最久，曾园内的是明万历年间小辋川园林遗物，还有三株分别在常熟美术馆、报慈小学和虞山公园。张家港凤凰山也有一株古红豆树，生长旺盛。近年来，虞山脚下，农家门前屋后，都栽上了红豆树，有苗圃也开始尝试规模化种植扩繁，昔年的稀罕物，时下也渐作了平常。

古红豆树

能洗头的"菅树"

　　油菜抽出的菜茎，苏州人唤作"菜苔"，把"茎"转音念作开口音的"苔"，既响亮又好听。"绕曲 jiàn，过旱船"，这是弹词《方卿见娘》里的一句唱，"曲径"也唱成了"曲 jiàn"。再有，木槿在苏州话里同样被叫作"jiàn 树"，仍是转音。

　　"仲夏木槿荣"，每到山糊海幔的黄梅天，江南的木槿在密密的叶丛里吐出了密密的花朵，或白或红，有单瓣、重瓣之分，娇小而色艳，赛过彩色皱纹纸做的，早晨开，晚上落，就这样一朵接着一朵，绵延百日，直开到金风送爽的 10 月。

　　如果采一朵木槿花放在手心里搓烂，滑腻腻的，水龙头上一冲，一双手洗得干干净净。木槿花也富含有皂甙，和皂荚一样，能作为"肥皂"使用，以前苏州人经常采了用来洗头，据说洗干净的头发，既爽洁，又光亮，顺溜得很。因此，单瓣白木槿花入馔也是滑溜溜的，味道很好，江西、湖南一带最喜欢吃。

　　"无心插柳柳成荫"，木槿和柳树一样，扦插极易成活，古人说"断植之更生，倒之亦生，横之亦生"，颠来倒去，只要碰到湿润的泥土，木槿枝条都能生根，"生之易，莫过斯木"，再也没有比它容易活的树了。

木槿

后不种桑

"我家茅屋临官道，前种桑麻后梨枣"，这是明初吴中四才子之一徐贲描摹的苏州农村景象。苏州地方家前屋后种树讲究不少，"前不种桃，后不种桑"就是其中一个忌讳。桃有"夭桃"之称，桑与"丧"字同音，百姓人家总希望小辈健健康康，老人耄耋期颐，图个吉利。

栽桑产出的是丝绸，历朝历代都视其为头等"民本"，在"衣被天下"的苏州，宋元明清，一直是需缴纳的大宗岁赋，吴县城西和吴江两地种植尤盛，"乡人比户蚕桑为务""乡村间殆无旷土，春夏之交，绿荫弥望，通计一邑无虑数十万株云"。因为，环太湖诸山"皆石田，不宜稻"，吴江一邑"田多洼下，不堪艺菽麦"，年年的赋税和日用大部分依靠蚕丝，据明末《沈氏农书》记载，一亩好的桑田产值可抵三十余石米，高于种稻所得十倍有余。时至清末，吴江、吴县、太仓、常熟等蚕区仍是"见其利溥，相率栽桑"，田野之间"十亩闲闲之象"依旧。

苏州桑树多，以"桑"为名的地方也多，桑舍、桑盘、桑园里、桑园角、桑树浜……遍布四乡八镇，就是城里也有桑园巷、桑叶弄等街巷，因为老早苏州六城门里面同样种桑树，唐朝时候，城北桃花坞就有五亩桑园，留存到宋朝还在，来苏州访友的苏东坡为朋友写下了"不惜十年力，治此五亩园"的诗句。以后，苏州城里一直保留有很多桑园，主要分布在各个城门一带，直到 1949 年还有 2000 余亩。

苏州人种的桑树大多是湖桑，对桑种尤为讲究。明朝时所栽有柿叶、紫藤、青桑诸品，都是叶大而厚，蚕宝宝吃了结成的茧坚而多丝。到了清朝中期更是"别具名品"，多达二三十种，其中以大种桑、密眼青为佳。民国期间，蚕区加快了品种更新，从浙江引进湖桑 32 号、红皮湖桑、牛舌头、桐乡青等优良新品，桑叶生产量质齐升。新中国成立后，湖桑 32 号、农桑 12 号 /14 号、十大等丰产型品种得到重点推广，产量高、质量优、虫害少、易管理。

如同果树一样，好品种的桑树也须嫁接方能保持性状。民国《吴县志》说苏州人在蚕桑上样样都好，"惟接木之法未精，故必由浙湖运桑秧植之"。苏州人历史上桑树嫁接的技术不精，因此桑秧长期依靠浙江湖州、石门一带供应，新中国成立后，经过技术革新，这个问题得到了解决。

《洞庭东山物产志》说"吾乡桑树俱栽河边园地及鱼池埂上"，"桑地鱼池"的产业模式是太湖周边蚕区的独创，鱼池一个挨着一个，阡陌相连的塘埂上遍栽低干桑树，远望桑叶如海，人们称为"桑海"，也是渔米之乡的特有景致。

在桑树栽培管理上，苏州桑农要求特别高，严格做到上无枯枝，下无寸草，足肥厚培，种出来的桑树枝大而长，叶泽而厚，产量特别高。由于生产需要，桑树年年要修剪，始终保持一定的样子。苏州历来采取拳式剪法，民国《吴县志》记载"留

白桑葚

野桑树

七八枝，每年饲蚕时将新枝刈去，故枝头如拳，名曰拳桑"，树形整齐，便于管理。

　　桑树除养蚕之外，材用、药用、食用都是良品，浑身是宝。苏州老话"柏树用心，桑树用皮，榉树用根"，桑树是边材树种，木质韧性强，木纹特别，泛光强烈，也是蛮好的木材，常熟、太仓等地也曾种过一些乔木桑、实生桑、野生桑用来取材。桑树的干皮是造纸的原料，由其制成的纸叫"桑皮纸"，以前除了印书外，还用来包装药材食品和做膏药，韧性好，撕不破；桑树的根皮，入药名"桑白皮"，要取自埋在土中的根，露在土外的伤人，不能用。

　　桑叶无论老嫩都可以当蔬菜食用，道家称呼为"神仙药"；经霜，入药叫冬桑叶，清肺明目。寄生在桑树树干上的菌类，称为"桑寄生"，民国《吴县志》说只有这种"寄生"才能入药，而且是良药；树干上还有一种白色的藓类，叫"桑花"，用刀刮下来也是一味中药。桑树的果子桑葚，黑紫色，既可作为水果鲜食，也可晒干、榨汁、制酒，是药，也是救荒的食品；现在还有一种白桑葚，据说营养价值也不错。

桑树雄花

拳桑

桑葚

玫瑰

花　露

　　旧时苏州，一年四季喜取相宜花草吊制花露。春天梅花、玫瑰，夏天茉莉、荷花，秋天木樨、金柑，到了冬天，采点橘叶、建兰叶，放在沙甒、锡甒里和了泉水、雪水、梅水，蒸漏出花中汁露，存在白瓷瓶中，奇香异艳，甘冽清隽，点茶、调味、入药件件皆宜，解酲消渴，祛病健身，人见人爱，名重一时。

　　"仰苏楼自僧祖印创卖四时各种花露，颇获厚利"。虎丘一带是旧时吴中的花圃盛处，虎丘山云岩寺的僧人近水楼台先得月，想出了吊制花露，放在山上仰苏楼、静月轩里售卖，独树一帜，驰名四远，获利甚溥。因为生意好、利润丰，到了清朝末年，还在苏州市中心城隍庙边开了一家花露专卖店，店名就叫"仰苏楼"。"胜游风月忙无了，养济贫民衣食谋"，自从开发出花露后，虎丘生产的花草"不徒供盆玩之娱，尤足珍也"，花农的经济收入也因此增加；一些贫苦百姓自己做些花露买卖，也找到了一份不错的生计，足以养家糊口，虎丘山的和尚确实做了一桩好事，"胜似参经念弥陀"。

　　花露具有一定的药效，逐渐，苏州的药材店也自产自销，卖起了花露，名色曾达四十余种，直到40多年前还有零星销售，雷允上、沐泰山、良利堂……柜台上的一只只白瓷缸里存满了蚕花露、地骨皮露、薄荷叶露……品种时有增减，或多或少，供人另拷。后来，名噪一时的苏州花露销声匿迹了，只有一种"金银花露"还有供应，厂家统一生产，装在玻璃瓶里，仍旧还是在药店销售。

　　金银花露，是用忍冬科藤本植物金银花的花蒸制的，味甘，性温，清香怡人，专消诸毒，尤其是夏日里清暑的佳品，喉咙疼、发痧、小宝宝生了痱子，吃一点，清凉退火；生了个热疖头涂点，消炎解痛，效果相当好，据医家说"久服轻身，长年益寿"，茶馆店还拿金银花搭档了菊花一起泡茶，特称"双花饮"。

金银花初开色白，经过一二日则变成黄色，金银同株，故而得名。经常一蒂双花，新旧相参，黄白相映，像极了双宿双飞的鸳鸯，因此也有"鸳鸯藤"之称。如此佳花却一点也不娇贵，随处自生，凌冬不枯，土生土长的金银花苏州诸山上下皆有。清朝中期，虎丘一带的花圃首先开始种植生产金银花，主要用于吊制花露。

除了金银花露，老人们还对另一种消失的木本花露——玫瑰花露念念不忘。玫瑰花露专治肝胃气，这也是人们身体一种普遍的不适，因此吃过的人总对它留着一份念想。

玫瑰只有二三尺高，长得跟蔷薇花差不多，细叶多刺，青的花萼，黄的花蕊，深紫色花瓣未染一点白，娇艳芳馥，用来焙茶、浸酒、入蜜、蒸露、作酱、制香水，件件都是"香"事。除了吃，还可以捣碎了装在香囊里，戴在身上，或者当扇坠，芬氲不绝。从明末开始，苏州就有专门生产玫瑰花的花圃，文震亨说"有以亩计者，花时获利甚夥"，效益相当可观。

《荀子·礼论》说大的鸟兽失偶，每过一段时间，必定要返回原地，徘徊鸣号，思念哀悼一番，因此古人把寄寓着恩爱的玫瑰叫作"徘徊花"。有香有色，寓意美好的玫瑰，也有人不甚待见，譬如《长物志》里就说"嫩条丛刺，不甚雅观，花色亦微俗，宜充食品，不宜簪戴"，尤其是喜欢静雅的"幽人"更不宜佩戴了。

苏州还有一种重瓣无香的玫瑰，花色丰富，有胭脂、粉红等色，吴县《民国志》里称为"洋玫瑰"，这里的"洋"不是西洋的意思，而是大的意思，因为洋玫瑰的花比玫瑰要大。

金银花

水蜜桃

桃花坞

"桃花坞里桃花庵，桃花庵里桃花仙"，苏州古城内有不少以树为名的街巷，其中要算西北隅的桃花坞最为著名，因为"点秋香"的唐伯虎曾经住在那里，还写下了这首《桃花庵歌》。

桃花庵是唐寅晚年在宋朝"桃花坞别墅"遗迹上翻建的别业。"桃花仙人种桃树"，在别业四周，这位才子沿着桃花河、双荷花池还种植了数亩桃树，花开之时，"又摘桃花换酒钱"，吃醉了"还来花下眠"，酒醒后"只在花前坐""花落花开年复年"中，他的"桃花庵主"做得有滋有味。

在水边种植桃树是苏州人的习惯，往往还要配上垂柳，桃红柳绿是江南景致的经典，唐朝的白居易在山塘街种桃花、宋朝的杨备把桃花写入《姑苏百题》诗集、元朝的观前街因桃花称为"碎锦街"……，如今更是处处能见，一千多年来，从未脱过班。

据同治《苏州府志》记载，以前苏州出产的花桃有山桃、碧桃和绯桃三种，广布城乡。山桃、碧桃都开单瓣白花；绯桃，俗名苏州桃花，色深红而重瓣，像一个个绒球，开得最晚。

说过了看的"花桃"，再来讲讲吃的"果桃"。虽然提起桃子，苏州人首先想着的是隔壁无锡的阳山水蜜桃，其实，苏州的水蜜桃也是呱呱叫的。光绪《苏州府志》里说"洞庭东山水蜜桃最美"，那时，东山的桃子闻名遐迩；现在，张家港接了过去，"凤凰水蜜桃"鼎鼎有名。凤凰镇还出产油桃，糖度 16%~22%，甜得黏嘴。

苏州以前也有油桃，崇祯《吴县志》记载"形似桃而光泽如李"，因此称为"李光桃"，这个名字在 20 世纪 80 年代还听得到。

苏州太湖边的镇湖盛产黄桃，果熟之际，去吃的人多得邪气。老早苏州把黄桃叫作金桃，"色黄如金，味甘"，也是蛮好吃的。

民国《吴县志》记有"蟠桃山中最盛"，确实，如果家里有七八十岁的阿爹好婆，问一问，就会知道，光福的蟠桃是他们那代人童年时的美好记忆，据说，这种蟠桃要青边碗口般大，甜得很，比水蜜桃来得鲜洁。苏州还有一种脆的桃子，叫陆林桃，黄梅天里就上市了，娘娘、小姐们痊夏了，吃两只开开胃。

水蜜桃

江南菩提

　　菩提是佛门圣树，有佛之处自然要有菩提树，只是成佛的菩提移植江南无法生存，故而生出了一些土菩提，无患子就是其中之一。

　　以前苏州香火旺盛之处都有几株无患子，《太湖备考》载"东山高峰寺有一本"，《百城烟水》提到了东山东首的武山上也有一株，同治《苏州府志》留下了康熙赐植无患木于虎丘寺的记载，如今，天平山和穹窿山茅蓬坞等寺庙遗迹处还留存有数株古树。

　　无患子被认作菩提树是有由来的，《千手合药经》等经书里都有用焚烧加持过真言咒语的无患子木伏魔的经文。《木槵子经》里说如要灭掉烦恼，"当贯木槵子一百零八，以常自随"，一粒粒，一遍遍数着念"圣名"。这里的"木槵子"就是无患子的种子，坚黑正圆，是印度古时制作念珠的材料之一。中国在初唐也常用"木槵子"做念珠，净土宗高僧道绰就曾用这个念珠教出家僧尼、在家居士称念。因此"木槵子"在中国也被称作"菩提子"，明人李时珍《本草纲目》中就有"释家取为数珠，故谓之菩提子"的说法，明清苏州方志中也屡见相应记载。

　　无患子因"神""材"结缘佛门，而椴树却是以"形"跻身其列。椴树叶子与菩提树相似，因此以假作真，甚至栽到了故宫英华殿旁，好事的乾隆帝还专门作诗记之。椴树成熟的种子具有五条细棱，也被称为"五线菩提子"，用作数珠。至今，人们将椴树树皮和花药用时，仍分别称作"菩提树皮"和"菩提树花"。

　　江南也有一种椴树——南京椴。南京椴因近代植物学家在南京发现了模式标本，

南京椴

故而冠以"南京"之名。其实，早在晚唐，天台宗的国清寺就把它作为菩提树栽植在寺院里。皮日休留下了"十里松门国清路，饭猿台上菩提树"的诗句，如今的国清寺仍旧有不少南京椴。天台宗东渐日、韩，发扬光大，因此那里不少寺院也都把南京椴作为菩提树供奉。苏州仅在穹窿山茅蓬坞有十余株参天巨木，应该也是佛门遗物，这里曾经是穹窿禅寺所在。

无患子

无患子

臭椿的花果

做纺轮的树

　　臭椿古称"樗"，是乡间常见的野树，城里冷落的地方也会有棵把，树干笔挺，树头圆整，疏密有致，枝叶婆娑，也是一位树中的美男子，欧洲人十分欢喜，爱称它为"天堂树"。

　　外国人眼里的美树，中国人却不待见，老老早早的庄周就将樗定性为"立之途，匠者不顾"的不材之木，因为臭椿长得快，木质疏松，人们甚至将其与秕糠并论，叫它"木砻树"，连斫柴人也不要，松软的木头不经烧。不被砍伐的臭椿，往往长成了大树，故而斥之无用的庄子又调转来说了一句这就是"无用之用"，能保得天年是最大的福气。故而，听起来是自谦的称呼"樗材""樗散"恐怕倒是一种自负，或许也是一份自恋。

　　别处不罹刀斧之灾的臭椿，在苏州却自有用处。老早，乡间人家大都"朝绩麻，夜纺纱"，身上穿的布都要自己纺织，纺车上绕线的纺轮，苏州人就是用臭椿木头做的。臭椿的木材虽然松，但柔韧得很，分量又轻，做纺轮非常合适。正因如此，嘴巴上说、文章里写臭椿不材的古人，实际上还是把他派上用场的，常拿臭椿的木头做车毂和杯子。臭椿的树皮同样韧性很好，"绕物不解"，古人用来做绳索，还可扎制蒸笼，不会断裂，不易腐烂。

　　臭椿虽则名"椿"，但不过与香椿不是一家，一是苦木科，一是楝科，花、果、干、叶都不一样，只是有一点通性，它俩都是长寿树，拜寿时，常常"椿樗"并称。臭椿树干白而平滑，果实属翅果；香椿树皮赤而粗糙，结的果子是蒴果，成熟开裂后，像当时的一种口哨"叫鸡"，因此，古时称为"椿鸡"。香椿大多为偶数羽状复叶，就是头前是两片叶子，味道香，可以吃；而臭椿多为奇数羽状复叶，叶片基部比香椿多出两个腺点，散发臭味，煤去其味，也是一味救饥的野菜。到了冬天，臭椿落叶后的叶痕中有两个横列的圆形斑点，如同虎头张目，以前江南一带也名其为"虎目"。

臭椿的根皮是一味中药，叫"樗白皮"，和"桑白皮"一样，都要取自埋在土中的根上，出土的伤人，不能用。"樗白皮"是治疗痢疾，特别是血痢的良药，唐朝时做过苏州刺史的大诗人刘禹锡每到立秋前后，就要得痢疾，肚子泻到腰都疼得直不起，他就用臭椿的根捣碎过筛，跟细面和在一起，做成一粒粒像蚕豆那么大的药丸，称为"樗根馄饨"，每天空腹服十粒，效果"神良"。

臭椿

盘 槐

槐树，"黄中怀其美"，古时人臣之道，与此意同。为此，周天子与诸侯、百官处理朝政的"外朝"之所种有三棵槐树，德劭的"三公"面槐而坐，以彰怀来远人之德。如此德树，在古人眼里是至公至正的寓象，他们遇到纠纷，就要跑到槐树底下去处理，说是能"使情归实"，避免冤错。

一旦有了这样的人文意指，"槐"自然就被这"官"紧紧挨上了，槐宸、槐掖，代指宫阙森峨；槐位、槐卿、槐望、槐第，喻称高官显贵；槐市、槐秋、踏槐、槐黄，则象征着科第吉兆，就连"南柯一梦"也得做在槐树之下，极尽显贵气象。

槐树中"有盘结者，名盘槐"，"枝从顶生，屈曲下垂"，这虬曲的枝条像极了威武的四爪金蟒，用金线绣着蟒的蟒袍是明清时王侯百官、诰命夫人的礼服。蟒袍加身，位极人臣，大概总是仕途的念想吧。因此，这"贵上加贵"的盘槐就更受欢迎了，明正德《姑苏志》记载盘槐"多种官署中"；苏州弹词中讲到大人家的排场，"隔河大照墙，门口一对盘槐树"是必不可少的；《洞庭东山物产考》里说"大家坟旁，每左右栽两树"，显贵的"槐门"之第，阴阳两处都是钟情的，至今，在苏州的这些老地方还留有不少古盘槐。

盘槐除了枝条，花叶、肤理都和槐树一样。"槐花黄，举子忙"，槐花开在七八月间，正是旧时学子赴考之时。黄色的槐花，未开时"炒过煎水，染黄甚鲜"，寓寄着"黄裳元吉""中德之畅"，正合大臣之位。"寂寞此心新雨后，槐花高树晚蝉声"，槐花开放"非只一日，彼此绵延，可至中秋"，因此，槐花入诗，多言秋光，争去了

槐花

"秋雨梧桐"的三分雅意。

槐果呈念珠状，黑色的槐实古人称为"玄"，表征着"至道之复"，这是大臣辅佐君王的最高境界。有点"玄"的槐实也实用得紧，无论农历七月初采的嫩实，还是农历十月采的老实，都能入药，治疗痔疮和乳瘕等病有佳效。据说，嫩实以"乞巧"之期采摘的药效最好。

槐树的木材内有别致而美丽的木纹，古人说"文在中，含章之意"，这是旧时大臣需要恪守的"职业道德"，再有本事也得"含之以从王事"，做到"无成"，从而"代有终"，于公于私都是一个好结果。

贵气的槐树落在了烟火间，也是一味救荒的佳蔬，明初的《救荒本草》里说，采了槐树的嫩芽煠熟，换水浸淘，洗去苦味后用油盐拌着吃；槐花只要炒熟了就能吃，只是现在市上供食用的都是采自刺槐了。刺槐也叫洋槐，据说，清末由德国人在山东青岛大面积种植后，才在中国推广开来。

槐树的花果

古盘槐

构树雄花

榖　树

　　榖树是苏州地方对构树的称呼，这倒并非一方土语，而是由来久远的古称，《诗》曰："乐彼之园，爰有树檀，其下维榖"，"榖"字一声之转，就成了"构"。这里，"榖"相对于"檀"，有小人之义。之所以如此，是因为古人认为"榖，恶木也"。所谓"恶木"，就是指容易活、生长快，不能材用的树，因此，最贱、易生、易大的榖树在苏州多为野生，常被称为"野榖树头"。就是种植，也只是取"无用为有用"之义，无非文人骚客标榜一下清致而已。

　　榖树虽则不能材用，但却有大用，它的树皮是一等一的造纸原料，制成的纸称为"榖纸"，洁白光辉，有"洛阳"之贵；也可以绩布，做成的衣服叫"榖皮衣"，非常耐用。割开树皮流出的白色乳汁，称为"榖胶"，药用可以治癣，材用则是贴金箔的专用胶水，道家还说吃了用它和的丹丸能够"通神见鬼"。据李时珍讲，"楚人呼乳为榖"，因此这种有乳汁的树就被称为了"榖"。在绿化方面，以前根据实践，对榖树也有客观的认识，《洞庭东山物产考》中就说"道旁遮阴最佳，因其四围分布，叶大枝繁也"，并非一概弃置。

　　榖树雌雄异株，古人一是通过树叶来分辨，说叶裂的是雌树，不裂的是雄树。这种说法不靠谱，榖树叶子有裂与不裂，裂有多少、深浅之分，常在一棵树上出现，无论雌雄；一是从皮色来区分，说树皮有斑纹的是雄树，皮白的是雌树，究竟是不是，还需方家释疑。

　　榖树的雌树花绿果红，结的果实，甜甜的，作菜，名叫"楮桃"；入药，则名

"楮实"，也叫"榖实"，能治鱼刺卡喉，因此，也有人说多吃会造成"骨软"。《说文解字》云，"楮、榖乃一种，不必分别"，因此，现代植物学分列的楮树、构树在古代统称"榖"。古人认为"楮""构"只是同一种树的不同地方别称，"荆、扬、交、广谓之榖，中州谓之楮"；或者说是同一种植物因形态变化而引起的异称，"叶有瓣曰楮，无曰构"，"皮斑者是楮皮，白者是榖皮"。现代植物学列为两种树的楮、构，最根本区别是雄花花序，楮树是头状花序，圆的；构树是柔荑花序，长的，也能作为野菜食用。

榖树的"榖"字最好不要写成"谷"字，《酉阳杂俎》说"榖田久废则生榖"，前一个从"禾"的"榖"自然可写成"谷"，在古时"榖""谷"本来就相通的；后一个从"木"的"榖"写成"谷"就不妥当了，因为"榖"是树而不是禾稻，就如同意为车轮轴孔的"毂"字一样，也不能简化成"谷"。

构树

构树的果与雌花

古枫杨

不入品的"雅树"

　　枫杨，果似枫，叶如柳，古时常认柳作杨，杨、柳同义，因此得名。明朝文启美说"白杨、风杨，俱不入品"，但不过说也奇怪，苏州诸多园林以及不少旧时大宅中都栽有枫杨，拙政园、沧浪亭数株沧桑满目，昆山亭林公园的一对气势夺人，文庙墙边一溜边种了一排，留园曲谿楼前曾经的那一棵，至今还常被人提起，"一树斜横波上"已成造景之经典。枫杨喜水，在乡间，常在水边见到它，池塘侧、小河畔横斜的枫杨也是最美的，因此它还有个名字——溪柳"。譬如，吴江肖甸湖中一顶小桥头的那株，总能让信步的游人略略驻足。

　　被至雅的《长物志》定为不入品的枫杨，这些雅人却仍要冒着大不韪把它种在家里，而且常常置于显眼之地，看来这枫杨自有不同寻常的妙处。确实，枫杨荫浓、实锭、干苍、枝虬、态逸，畔于清池，依于石旁，看一眼，就觉得扑面地静，无论周边鼎沸喧哗还是袂云汗雨。枝头虽则挂满串串元宝，但和着那份从骨子里透出的静，满树的阿堵之味竟消融得不剩一点渣滓，这岂非正合了"君子爱财，取之有道"？其景佳，其象吉，其意雅，如此佳树，自然家里要种上那么几棵。

　　说枫杨"不入品"，恐怕是因其木材不堪器用，但它的树皮坚韧，却是多有用处。器用，可以代替麻布，用来缘饰一些竹木器物的边，故而枫杨又叫"麻柳"。药用，是治疗腹水、痢疾和夏天防暑的良品，名唤"榉树皮"或"榉木皮"。"其树高举，其木如柳"，枫杨古时常被唤作榉柳，到了清道光时的《植物名实图考长编》《植物名实图考》就直接叫它"榉树"和"榉"了，现在的榉树那时一直依着《诗经》呼为"椐"。

古枫杨

喜树的花果

旱　莲

　　喜树长得英秀，你看，太仓弇山园里的一株，二十余米的树干笔直挺拔，树冠层层舒展，远望宛如一十二品莲台，因此，旧时又称它为"旱莲"。《植物名实图考》说"秋结实作齐头筒子，百十攒聚如球，大如莲实"，喜树的果实属于角果，形状很像莲子，叫它旱莲，也是因为如此。

　　"笑指白莲心自得，世间烦恼是浮云"，莲出于污泥，而归于香洁，正与佛教苦海超生之义相合，莲喜实有谊，树中的"莲花"自然要被叫作喜树了。但凡尘间的人们，门前栽种喜树，以它来讨喜，恐怕还是实在地因着那百十"莲子"攒聚起的果球像极了小姐彩楼抛下的绣球，枝头缀满了如此喜物的树，不称喜树确也过不去了。

　　结成这等"绣球"的花序，几乎与水杨梅的一模一样，每朵小花外轮 5 枚雄蕊比花瓣长，露在外面，整个花序看起来像个绒球，落花时节，一丝丝地洒落一地，犹如六月傅霜，雪白一片。

　　喜树在苏州不多见，但却和苏州有着渊源。喜树全株都含有喜树碱，这是一种抗癌药，虽然在云贵等地土药中有应用，但在历代本草中从无记载，不在"国药"之列。直到 20 世纪 70 年代，常熟籍医生郭孝达 (1932—1986) 在临床实践中将喜树碱用于胃癌患者，取得疗效后才促成了喜树碱被列入国家药典，一直使用至今。

　　正因如此，在 20 世纪 80 年代，苏州阳澄湖一带的乡村曾把喜树作为促进农民增收的经济树种发放种植，当时油泾乡种植较多，至今阳澄湖美人腿上的清水村刘家庄还留存不少。

太仓弇山园的喜树

薜荔

树豆腐

穹窿山，位于苏州西南隅，植被葱郁，树木多样，森林季相丰富，林际线条优美，健康而标致。信步山间，低俯高仰，触目之间，乌饭树、覆盆子、白鹃梅、茅莓、蛇莓、板栗、野柿、银杏、梧桐……真是一个天然绿色食品宝库，其中有些树能做出各种"豆腐"。

木莲豆腐： 木莲豆腐是用桑科薜荔雌花果做成，薜荔有个别名叫木莲。据说正宗的"木莲豆腐"是月白色的，微微带点黄，滑溜溜，清亮亮，十分雅致。

薜荔四季常绿，穹窿山的林间山石上总能见到它匍匐蔓延的身影，层层叠翠，茸茸浓绿。流火烁金之际，瞥一瞥，能从眼里凉到心里。烂漫的春天，在它面前经过，未免有一丝阴气袭来。倒是衬托在萧瑟之下，顿觉生机扑面。

薜荔正是如此的冷、静，自古以来总是与山鬼连在一起，七八月间结成的圆圆的雌花果，也被称为"鬼馒头"。好在"山鬼"不比"水鬼"那么厌恶，在人们眼里常带着一份灵气，这或许是钟灵毓秀的苏大校园里能成就一棵苏州薜荔王的由来吧。

柴豆腐： 青绿色的柴豆腐，如碧玉般晶莹，制作原料是马鞭草科落叶灌木豆腐柴的叶子。

豆腐柴十分低调，散生在林间、路旁、树下，不开花时，就是擦肩而过也未必能引人注目。每年五六月间，豆腐柴把积蓄一年的山间灵气化作了枝头累累花朵，绿中蕴紫的花萼，吐出缀着一点鹅黄的淡色花冠，香唇微启，树低调，开的花也含蓄。

苏州大学的古薛荔

5月的山，绿老了，略显沉闷，豆腐柴的花却挑起了些许澜猗。围裹在一派浓绿中的游人，汗涔涔、意懒懒之际，不经意间遇见这点点亮色，或许，登山的乏意会稍减几分。

苦槠豆腐：苦槠和栗子是近亲，用苦槠果子做成的豆腐也像栗蓉那样带着水晶透的浅褐色。苦槠高大茂盛，四季常绿。四五月开花时，圆鼓鼓的树冠上矗立着一簇簇的雄花序，全身透着一股张扬的霸气。秋冬间结果时，球形的褐色果实上整齐地排列着一圈圈小鳞片，向外张开，还是一副张牙舞爪的模样。

苦槠是气候上标志南北的"分界树"，一般分布在长江以南，喜欢湿润的环境。穹窿山茅蓬坞毛竹林与紫楠林交界边缘水气充沛，阳光充足，自然成了苦槠落脚的不二之选。

豆腐柴

苦槠

黄金树

立秋日戴楸叶

　　"五九四十五，头戴楸叶舞"，这是苏州旧时的一条谚语。冬有"九九"，起自冬至；夏也有"九九"，始于夏至，时至"五九"，正好立秋。苏州旧俗，立秋日要"戴楸叶，食瓜水，吞赤小豆七粒"。旧时盛行五行，五行术认为"西方种楸九根，延年，百病除""子孙孝顺，口舌消灾"，楸、秋同音，故而立秋日戴楸叶实在是大吉大利。为此，古时坟墓前大多种有楸树，松楸即是祖茔的代指，古人想法不同，种在坟上的树都是"吉树"和"阳树"，譬如松柏为百木之长，盛阳之树，所以历代皇陵主要就种它俩。

　　楸树树干耸挺，高达30余米，"其木湿时脆，燥时坚"，是坚韧耐腐的"良材"，《齐民要术》称其"车板、盘合、乐器，所在任用，以为棺材，胜于松柏"，在西汉年间就是高效的经济树，"千树楸，其人与千户侯等"，千户侯可以向一千户人家征税，《汉书》中是这么说的。到了七百余年后的南北朝，种植楸树的收入仍旧可观，如果一家栽了600株楸树，"一年后一树千钱"，这还不算平时卖柴火的钱。

　　树姿挺拔的楸树，用来观赏十分相宜，每年仲春，洒满紫斑，镶着黄色条纹的淡红色喇叭花开满树头，那份素雅的美，更是让人惊艳而流连，早在唐代楸树就被延入了庭院，《本草拾遗》说"生山谷间，亦植园林"。美丽的楸树花，味道甜甜的，入馔也是一味美味，无论鲜食还是晒干，或煠或炒都可以。

　　楸树花虽然是雌、雄两性，但不能自授粉，需要其他花朵来协同完成传宗接代，只有一两株楸树栽在一起，不太容易结果。就算栽了一大片，如果来自同一母树，

古楸树

也很少结果。因此，楸树繁殖大多用分株或根插等方法，《齐民要术》里采用的就是埋根繁殖法，"楸既无籽，可于大树四面掘坑，取栽移之，一方两步一根"。

《本草纲目》里说楸"即梓之赤者"，楸树同一属的梓树开黄花，能够同花授粉，结出的果子像粗的豇豆，长达 30 厘米，一条条挂着，煞是好看，与不结果的楸树相较，古人说"梓者，子道也"，因此"梓童"就被敷衍为了皇后的称谓。梓树也是良材，古人甚至称之为"木王"，那么"梓材"就成了对优质木材和优秀人才的美称，木匠和刻书工也都被称作了"梓人"。木匠必以绳墨为准，梓树就被赋予了"赏罚必

楸

信"之意，于是《后汉书》里就有了"太守署前树十梓"的典故，故而苏州府旧署前的道路也被叫作了"十梓街"。梓树同楸树一样，最适合做棺材，古时常在家前屋后种几棵梓树以备后事之需，与养生的桑树合称"桑梓"，一直是故乡的代指。名气比楸树要大得多的梓树，在苏州却没有楸树多，只有太仓弇山园里的两株较为可观。

在苏州，和楸、梓差不多的还有一种原产美国中东部的外来树种——黄金树，花是白色的，也能自花结果，树形优美，多栽作庭荫树、行道树，苏州上方山旁石湖边的道路上就种了一排。

梓

楝树的花与果

楝树果果

楝树，因可以用来洗练丝帛棉麻而得名。每当楝树紫穗串串、满树可观时，春天就要同你说再会哉。江南春天二十四番花信风中"楝花风"殿后，从前的读书人称它们为"送春晚客"，如今不被待见的野树，倒也是曾经的风流。

楝树结的果子，生青熟黄，挂在长长的果柄上垂下来，犹如一个个小铃铛，所以《本草纲目》说："苦楝，实名金铃子"。书上的金铃子落到了生活烟火中，名字也成了实实在在——楝树果果，从前苏州乡下小团们拿来打弹子玩的。直到现在，不少三四十岁的人看见苦楝还是会脱口而出楝树果果，随即童年的记忆也涌了出来——打在身上蛮痛的。

楝树花开的时候，走在树下，清香阵阵，不比梅、兰似有还无，而是"芬香满庭"，少了些许矜持，多了一份热情，因此，以前苦楝是家前屋后、通衢幽巷的常客，不仅农村多，城里也不少，甚至于闹市地带也有，苏州观前街旁边就有一条因树得名的"楝木巷"，一头接宫巷，一头接由巷，现在的名字叫"莲目巷"。

楝树的果、叶、皮奇苦，连虫都不愿光顾，拿来入药，对打肚皮里的蛔虫特别有效，《本草纲目》记载的相关药方就有三条之多。楝树虽苦，叫啥凤凰"非楝实不食"，神兽獬豸也非常喜欢吃，只有狠天狠地、跟沉在江里的屈原抢来吃粽子的蛟龙看见它倒是非常害怕。

楝树好种，生长快，木材坚韧，《齐民要术》里说籽播的楝树五年就可做粗的椽子，因此苏州人称它为"牛脚骨树"，日常随手伐几根，搭个棚屋、修补一下屋椽、做条扁担，实惠而耐用。

棟树

枣花

早早早，白蒲枣

"早早早，白蒲枣"，是一句苏州俗语。于己，揶揄的是起早反落了晚；对人，则是埋怨爽约迟到。用了这句话，一笑之下，在尴尬之中平添了一份轻松。

鲜食的枣子通称"白蒲枣"，苏州以东山出产的最佳，从前顶好的一种叫"白露酥"，要到白露脚边才能采食；常熟也有一种"鸡子枣"，"大于常枣而味胜"。现在，则以三山岛特产的"马眼枣"最出名。这种枣子与东山的其他白蒲枣比，个头大，两头尖，形似马的眼睛；吃口甜，特别是吃到核上，没有一丝清苦，近来大受欢迎。

苏州人喜甜食，做果脯历来拿手。1920年的《洞庭东山物产考》记载，东山每年多下来的白蒲枣不舍得扔掉，把好的拣出来，用四五枚引线扎起来的"排针"在枣子上划缝，然后放在以 6:1 比例配好的白糖与蜂蜜水中煮熟，晒干，做成蜜枣慢慢吃。

苏州人对本地出的鲜枣和蜜枣并不待见，挑剔的文震亨在《长物志》中提都不提，只说"枣脯出金陵，南枣出浙中者，俱贵甚"，后来，苏州人吃蜜枣只认北方的金丝蜜枣。200多年后的民国《吴县志》里还是说枣子"南北皆有，北产者为良"，"吴中所产，仅为果食，充方物之一耳"，苏州的枣子只不过充充数，瞎吃吃的。

民间还有一种说法，白蒲枣滑肠，"多食致腹疾"，吃多了要肚子疼，腹泻，因此，老人总要关照孙子孙囡少吃，或者不吃白蒲枣。苏州人虽然对食用鲜枣存有一份戒心，但是十分喜欢红枣，清代祭祀先师乡贤，定例要用一盘"枣、栗、桃"；结婚时，子孙桶里必定放一把，以求"早生贵子"；平时，笃①莲心、白木耳，也要加

①笃：小火慢炖，长时间煮。

古白蒲枣　　　　　　　　　　　　　　　　　　　　　古马眼枣

点枣子，最好是"小核色赤者"。以前红枣还是蛮金贵的，百姓人家买了些，都要放在梗灰甏①里储存起来，时间一长，梗得梆梆硬，就这样吃，不当心牙齿也要弹掉。

　　苏州从前经销红枣的商人也多，聚集成市，在胥门外就有了一顶枣市桥，一条枣市街，沿着胥江铺陈开来。有趣的是，那些枣商因为枣子是红的，就特别敬重"面如重枣"的关老爷，史志记载，康熙四十二年（1703），他们在阊门永宁桥东堍集资公建了一个关帝庙，作为行会所在。

　　枣树木质性坚理细，做成器具，不会开裂变形，以前一直和梨木一起用来做印书的雕版，"枣梨"就是出版书籍的代称。枣木还是做木梳的良材，从前常熟做的枣木梳很有名。枣子除了吃，苏州人还用枣子汤在腊月浸制蚕种，据说利于缫丝。

----

①梗灰甏：放有生石灰的储物容器。

白蒲枣

腌桂花

桂花又称木樨花，早开的叫秋分木樨，晚开的叫寒露木樨。花色有黄有白，白的俗称银桂，黄的俗称金桂，还有一种颜色偏红的叫丹桂。太湖边的光福一直盛产桂花，当地人把采摘下的鲜桂花叫作木樨米，质量上乘，销往全国，颇受欢迎。

"木樨香里沸歌弦"，一年四季，农历八月最香。苏州人钟爱这甜甜的、糯糯的桂花香。恣情闻香之余，还想着法儿让桂花作伴各种吃食，糖年糕、赤豆糊、汤水圆、焐熟藕、鸡头肉、糖芋苃、汤山芋、冬酿酒……都要撒上些黄灿灿的糖桂花，冠上"桂花"两字，从年初一吃到大年夜，似乎只有这样才能把江南的甜糯享用到界了。

糖桂花用腌桂花加糖做成，桂花虽香，味道却是苦的，腌制后就不苦了。苏州的腌桂花，无论光福的，还是七都的，都像是从树上刚采下的新鲜桂花，黄灿灿、香喷喷，一朵是一朵，固色凝香的奥妙全在一个"酸"字，光福用梅泥，七都用枨汁，都是就地取材，尽物之用。

梅泥桂花："来访城西八月山，桂花风气碧岩间"，每年秋季，苏州光福山间三千亩桂花十里香飘，明末以来名望普普。早在黄梅时节，光福人就腌上了地产的梅子，腌熟后打成泥，暴晒，装缸封存，就为秋季的腌桂花做好了准备。

待等桂花初开六七分时，折下花枝，剪去叶子，再把桂花一簇一簇连着花柄折下，过筛挑拣，放在竹箩里用清水洗净。将洗净的桂花沥干，拌上封存的梅泥腌好。

隔天翻缸，沥掉析出的卤水，再拌入一定比例的盐梅酱，装缸盖盐压实，可以

古桂花

丹桂

桂子

保存 3 年之久的光福梅泥桂花就做成了。

清水桂花： 腌渍梅子后留下的梅卤也是腌制桂花的妙物，光福人将桂花在梅卤中放置一至两天，取出滤干，这样制成的腌桂花就是清水桂花。

杻汁桂花： 同处太湖边的吴江七都人喜饮腌桂花泡的茶。七都腌桂花有自己的秘方，保鲜材料用的是地产的杻子汁。

杻子状如青橘，皮厚汁酸。七都人把杻子切成一片片，挤出汁水，连果带汁浇在洗净拌盐的鲜桂花上，等桂花吸足杻汁后装瓶密封保存。七都腌桂花曾上过《舌尖上的中国》第二季，感兴趣的不妨找来一看。

板栗

糖炒栗子热白果

民国《吴县志》载，每年中秋节，苏州人"食新栗、银杏、红菱、雪藕之属"，这个辰光，苏州洞庭东、西山的栗子、白果正好上市，直到现在，大家还是必定要尝尝新的，最受欢迎的就是糖炒栗子和热白果这对搭档。

苏州出产的栗子，北有常熟虞山的"顶山栗"，又称"麝香囊"，现在不多见了；南有洞庭山的"九家种"，是最大的栗子品种，人称"魁栗"。

"桂花栗子重糖炒，魁栗不及良乡好"，糖炒栗子一般不用"九家种"，而是用北方的栗子，最好是天津的良乡小栗子。因为"九家种"大，而且水分多，不容易炒熟，就算炒熟了也不松软，口感不好。"九家种"栗子以菜用为主，栗子烧鸡是相当好吃；也可以风干成"风栗"，细气点，把风栗切成"栗片"，作为干货储存起来，栗子可是穷人家果腹的佳品。生栗子苏州人是不吃的，据说，吃了生栗子，脖子里会生"栗子筋"。

栗子在苏州还有其他用处，苏州人食指曲起打人的额头，叫"毛栗子"；蛮好一桩事情，猝不及防出现了意外，就叫"冷镬子里爆出个热栗子"。以前在霜降日前一天夜里，苏州人要预先把栗子放在枕头边，等到天亮，就拿栗子吃掉，以祈求一个冬天气力充沛。

栗子的花分雌、雄，几朵雌花外面有一个壳斗状总苞，生在长长的雄花序基部，暮春开花，味道怪怪的，那时到东山去，真是遍山"翁冬"。好在紧接着橘子就开花了，立时清香满坞。

"烫手热白果，香又香来糯又糯。一个铜钱买三颗，三个铜钱买十颗。要买就来数，不买就挑过"，现在吃热白果只要自己用微波炉转一下就成，从前就跟卖糖炒栗子一样，卖热白果也是一桩营生。做这档生意的人，挑一副担，担的一头是一只炭墼炉，上面放只镬子，一面游街走巷，一面朗起仔调头叫卖，不紧不慢，连连落落，赛过一篇"白果赋"，据说蛮好听的。

　　来生意了，担主就掀开镬盖，在担的另一头的铅丝笼里抓一把白果，放到镬子里，用一片蚌壳翻炒，炒到白果噼噼啪啪爆开来了，就好吃哉，又糯又香，苦中带甜。苏州人吃热白果相当讲究，一岁只好吃一粒，吃到七粒也就封顶了，因为白果有毒，所以不能多吃，也不能生吃。

　　白果生青熟黄，用竹竿打下后，放在水中浸泡，等到皮肉烂干净后，就好取出炒来吃了。心急点，穿一双蒲鞋把白果的皮肉踏去，或者戴好橡胶手套揉去皮肉，切不可用手直接去弄，碰到了会造成皮肤溃烂。洞庭东、西山出产的白果圆的叫"圆珠"，长的叫"佛手"，顶顶大的就叫"洞庭皇"，还有一种一头扁扁的，人称"鸭屁股圆珠"，一般圆的甜糯，长的苦粳。

　　除了那些生产果树外，苏州还有不少银杏树，庵观寺院或者它们遗址上的古树苍劲凝重，道路边、公园里新栽的扶疏乔挺。新绿可爱，略争了几分春意；暮黄醉人，占尽了苏州的秋色，最称佳树。

银杏雄花

白果

板栗雄花

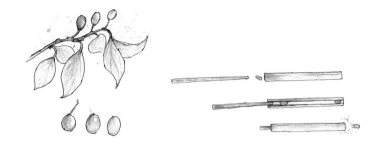

噼啪子

踩在脚下噼啪作响的果子很多，唯有朴树的被称为了"噼啪子"。不少人见了这树，未必能说出树名，而"噼啪子"往往脱口而出，紧接着就是如数家珍般的回忆，动情而兴奋："小辰光，踏着它的果子，啪啪啪，真有劲！还有好白相的①嘞，拿一个竹管筒，削尖一根筷子先拿一粒噼啪子顶到竹管口头，再放一粒，顶进去的时候就把前一粒顶出去了，一粒接一粒，啪啪啪的，伲一脚白相的（见上面手绘图）。"朴树和它的果子承载了童年的欢乐，仲秋浓密树荫下的"啪啪"声，记忆中永远抹不掉。

朴树的"朴"读"pò"，树如其名，壮实敦厚。苏州人家，屋后种"榉"，寄托着未来的希望；家前植"朴"，则是一种现世的诚警，人们深晓朴厚兴家是过日子的至理。

朴树树干弯曲，木质粗硬，崇祯《吴县志》里说"仅可作俎"，落到实用，精神

朴树的花果

①好白相的：更好玩的。

层面的"嘉木"却成了不成材器的"恶木"。

倒是长得歪歪的、粗糙的朴树叶有一个妙用，民国《吴县志》记载"用叶可磨治竹木，使光滑，胜用木贼草"，是一种好用的极细目的"砂纸"。

古朴树

喷喷香的梧桐子

"真珠缀玉船，梧子炒可供"，随着暑气渐退，梧桐树枝头合拢的果荚，一个个迎风裂开，荚缘缀满了梧桐子，大如黄豆，皮皱色紫，炒熟了，剥一粒，吃一粒；吃一粒，香一粒，其味腴美，真是敲耳光也不放，连范石湖都拜倒在这满满的香气之下，宁可冒着伤及发肤、不孝爹娘的大不韪，也要杀一杀馋虫，自嘲道"莫嫌能堕发，老夫头已童"，据说，多吃了梧桐子有谢顶之虞。

"梧桐叶落半空中，撇下秋来"，古人认为梧桐知时，每枝应十二月而着十二叶，逢闰则十三叶，春晚乃生，望秋则槁，叶落而知秋深，如此良木，凤凰自然"非梧桐不止"了。诗是浪漫的，而实在的人则说凤凰无非一大鸟，到梧桐树上来做巢是因为喜欢吃香喷喷的梧桐子。"碧梧桐下美人过"，凤凰欢喜的树，当然与佳人也总要相关，"桐荫美人"是历代画家画不厌的题材。

"青桐有佳荫，株绿如翠玉"，梧桐高挺多荫，干青叶绿，最宜种在广阔庭院中，常与松竹相伴，尤为妍美，从吴王夫差的"梧桐园"，直到拙政园的"梧竹幽居亭"，哪朝哪代的风雅中都缺不了它，就连名刹古寺，也总要置一座"梧桐院"，以应"凤栖"之耆。明朝时，有一位姓曹的苏州富商甚至在自己家中种梧数百本，有客人来，还要差使童仆一棵棵洗一遍，名曰"洗梧园"，真真是强盗扮书生，风雅的"洗桐"典故，至此面目全非。

旧时，"梧""桐"并非一物，因为"梧"很像泡桐，所以就被称作了"梧桐"或"青桐"。吴王夫差动议北上伐齐，梦里异兆毕集，其中有一"前园横生梧桐"之象，嘴甜的伯嚭说这是应了"乐府鼓声"的吉兆，而忠耿的子胥则说那是一口棺材。他们两位都没说错，伯嚭就桐解兆，泡桐是做乐器的良材；伍员依梧释梦，梧桐那时叫"椊梧"，是做棺材的，"桐棺三寸，不设属辟"，以示薄葬。因此，作为嘉木的梧桐也时常被寄予愁思。"寂寞梧桐，深院锁清秋"，这里的梧桐成了凄清惶惑的意象；"梧桐树，三更雨，不道离情正苦"，这里的梧桐勾起了人们无限离愁。

实际上，梧桐与泡桐材质差不多，都是"直上、无节、理细、性紧"，"干，琴瑟材"，苏州人也用来做乐器。除此之外，梧桐木在苏州还派两种用处，一是用它的刨花来浸制刨花水，涂在头发上定型增光；一是劈小了当香烧，据说香味像檀香。

梧桐什么都好，就是容易长一种叫"木虱"的虫子，这虫子的分泌物就像白絮一样，漫天飞舞，"桐雨"纷纷。唱唱"梧桐雨"是来得格有趣，但不过实际的梧桐雨就相当实际了，"叶生桐绵，忌入目"，常常会迷着行人的眼睛，还会引起过敏和呼吸道疾病。

梧桐

红漆马桶黑漆盖

苏州有一谜语，"红漆马桶黑漆盖，十人看见九人爱"，这只十人九爱的"红漆马桶"指的是苏州东山出的"铜盆柿"，也叫"灯笼柿"，扁圆而大，成熟后红得透明，皮薄核少，汁多而甜，是苏州留存下来最好的柿子品种。

苏州东山以前盛产柿子，柿树主要集中在后山一带，辛亥革命那年，东山的柿子产量达 1140 担，产值四千块银圆，当时，在苏南，1 块银圆大概能买 30 斤大米，或者是 8 斤猪肉，效益相当可观。到了抗战时期，传统丝绸行业不景气，东山的桑田基本都改种了柿子和石榴，柿子产量一度达到顶峰，后来，随着橘子生产规模的不断扩大，柿子逐步萎缩，到 1984 年只剩 33.1 亩，年产量 25 吨左右，现在只有零星分布了。

除了铜盆柿，苏州东山还出产形如牛心的"牛心柿"，只有铜盆柿一半大；还有一种扁花柿，以前叫"方蒂柿"，"蒂正方，柿形亦方，色如鞓红，味极甘松"，常熟虞山出的最好吃。也有书上说圆径三寸的"灯笼柿"个头小，这是因为东山有一种还要大的"雪柿"，从前称"冻柿"，要到冬天才成熟。

柿子说起来是北方的水果，但苏州历代出的品种也不少，除了现在留存的那些，有记录的还有正德《姑苏志》记载的出在常熟东乡的海门柿，《太湖备考》里的红心柿，《香山小志》中的金盆柿；康熙《重修常熟县志》里最多，记有"绿柿、牛奶柿、方蒂柿、山柿、火珠柿"，其中的"牛奶柿"是柿科另外一种植物——君迁子的果实。君迁子的叶子比柿子狭长，结的果实小而长，状如牛奶，东山出的"牛奶柿"

柿花

柿子

吴中第一，是老苏州念念不忘的好吃食。

　　柿子富含单宁，树上采下的柿子都是没有熟透的，梆梆硬，味涩不堪食，放在那里时间长一点，自己也会熟软，要想早点吃，就要"去涩"，苏州地方常用两种方法，一种是把柿子塞到米瓮里，一种是拿几只梨放到柿子里，不数日，生柿子就变成熟柿子了。熟柿子的皮也是涩的，小朋友吃得好吃，还要舔舔柿子皮，涩得伸出了舌头缩也缩不进，这时候，只要用盐搽一搽，就没事了。因此，吃柿子时要当心，不能把汁液沾到衣服上，否则，辣辣黄一滩，洗也洗不掉。

　　柿子虽然味美，但性奇寒，不能多吃，尤其不能跟另一样寒的东西——蟹同食，一起吃会导致腹痛大泻。真巧，苏州的阳澄湖大闸蟹恰与柿子同期上市，这两样都喜欢吃的朋友，真真是"眼泪索落落，两头掉不落"。新鲜的柿子寒，做成了柿饼就不寒了，上面一层雪白的"柿霜"尤其是好东西，多吃几只，只有好处，柿子能够止吐、止泻、止血、止嗽，就是那个"黑漆马桶盖"——柿蒂，也是一剂良药。

　　柿子树高大寿长，叶圆而厚，夏季叶茂葳蕤，遮阴亩许；入秋红叶如醉，丹实如火，万木萧条之际，沾了点雪，那更是美不胜收，是一种绝佳的观赏树。柿子浑身味涩，叶多毛而滑趪，因此，鸟不巢、虫不蠹，树底下，实在是乘凉的佳处，没有鸟粪落虫之虞。如此佳树，难怪古人羡称其为树中"七绝"："一多寿，二多阴，三无鸟巢，四无虫蠹，五霜叶可玩，六果实可待宾朋，七落叶厚且滑，用以临书"，柿子真是个宝，就连落叶也好派用场。

柿子

天平山看枫叶

明万历年间，范文正公后裔允临长倩先生在自家祖坟山前遍植枫树，从此以后，天平山就成为了吴中"诸山枫林最胜处"。四百年间，每至秋晚，霜林尽染，万叶斗艳，虽不春而争色，似珊瑚而灼海，间以四周山间疏绿，殊以明目可爱。特别是文正公祖墓"三太师坟"前，数株古枫，参天干霄，人称"九枝红"，尤为名重。

"虎阜横塘景萧瑟，游人大半在天平"，苏州人约以为期，都要到这"仿佛瀛洲"的仙境中来一睹丹林赤城，骚人韵士更是觞咏其下，留下了一众吟诵，十月天平山看枫叶俨然吴下一城之盛事。

一方水土养一方树，天平红枫的美与众不同。一山之中，一树之上，绿、黄、橙、赭、红，五色杂陈，阳光之下，较之一色，更是明丽，透着一股灵气，山也随着活了起来。吴下多湿，每逢薄雾冥冥，天平的红枫像极了一幅斑斓的水彩画，丹邱累叠，水萦其间，屋居林中，说不尽的苏州风雅，文气得紧。

天平红枫是金缕梅科的枫香树，我国传统所说的"枫"一般都是指枫香。枫香树高大茂盛，叶厚枝弱，叶片基圆而有歧，作三角。3月开花，花分雌雄，雌花序圆，雄花序长，相并着生一处。花后结实，大似鸭卵，上有芒刺，成熟后入药名为"路路通"，也能焚烧作香。枫香材质坚韧，可为栋梁。树脂甚香，人称"白胶香"，佛门谓之"萨阇罗婆香"，凝结矿化后，也是一种琥珀。

我们平时把槭树科的许多植物也都叫作"某某枫"，清代《花镜》中称之为"小枫树"，说"老干可作盆玩"；苏州人以前把鸡爪槭一类的枫树称为"洋枫"，主要是

天平枫叶

枫香

用来制作盆景，道光年间的《桐桥倚棹录》有相应记载。

众多槭树中，有一种三角枫也是叶有三歧，经常会被误认为枫香。它俩的区别主要在于枫香叶三角开张，三角枫则收拢；枫香的果实是一个球，而三角枫的则张开了一对翅膀；枫香的树皮一块块地裂开，三角枫的像破布条那样一条一条地贴在树干上。三角枫也是一种很好的色叶树，到了秋天，一树明黄，非常美丽。

天平枫叶

红橘

洞庭红橘

《新修本草》云"橘非洞庭不香，唐代充贡"，苏州的洞庭东、西山历来是橘子的主产区，绵延千年。曾记当初，洞庭东、西山的橘子可是一宝，每逢过年，家家户户凭票买来，一定要在年初一才舍得累叠在果盘里招待亲友，红红火火的，喜庆吉祥。小朋友们在年前看见了橘子是忍不住馋虫的，总要偷偷摸摸拿几个吃吃，这滋味、这心情约莫是永久的。以前苏州人过年时的一道点心——"橘络圆子"，也要用到洞庭红橘，雪白的汤水圆里戗几片橘瓤，颜色俏，味道佳，意思又是好，酸酸甜甜，大吉大利。

后来，随着南方各种橘子的到来，东、西山的橘子因个小、络密、核多而逐步淡出了人们的视野。世事从来难逆料，不意间一部电影《橘子红了》的热映，重又唤醒了人们的"洞庭红忆"，续上了绵延千年的"洞庭橘缘"。

橘子性喜温润，"南方柑橘虽多，然亦畏寒，每霜亦不甚收"。"惟洞庭霜虽多，即无所损"，畏寒惧霜的橘子却缘结洞庭东、西山，生产旺盛，果实品质"最佳，岁收不耗"，这都是因为处在太湖中，"水气上腾，尤能辟霜"使然。

洞庭橘子多佳果，从唐以来，文人骚客屡有吟赞，方志之中也不绝记载，矜为上品，名播天下。南宋绍定《吴郡志》载有绿橘、平橘两种，明正德《姑苏志》还记载了蜜橘、塘南橘、脱花甜早红橘等品种。这个脱花甜早红橘在清乾隆年间的《太湖备考》中又称为"洞庭红"。

晚清以降，洞庭地产橘子主要以早红和料红为主，迁延至今。早红是橙红色的，风味淡甜，中秋节前后成熟采摘；料红是浅朱红色的，风味酸甜，10月底至11月中旬成熟采摘，耐贮藏，贮藏后口味更佳，是以前苏州主要的"年果"之一。另外，还有福橘、朱橘、青红橘等品种。其中的福橘，栽培始于宋代，有浑福、扁福之分，果大、色红，非常美观。浑福味甜宜食，扁福汁少渣多，以前常用作祭祖或清供的果品。

　　苏州人剥橘子叫"朳橘子"，"朳"读轻声的"bo"，是一个入声字，民国《吴县志》说"擘橙橘之属，曰朳"，追溯起来，这个字在三国年间的词典《广雅》中就有了，"朳，擘也"。苏州剥橘子有专用字，朳起来也有讲究，脐部掐下，朳成三片或者四片，吃了橘瓤，橘子皮就像一朵花，不作兴剥得粒粒屑屑，哪怕南丰贡橘那么小个的也是如此。

洞庭红橘

随手而来的木图章

在以前，图章对于个人相当重要，人人都有一个名字图章，拿工资、领粮票、存取款、办户口……都要用到。最常见的是一种薄片形的，木头或者有机玻璃做的，也有牛角的，考究点的人还把图章放在一个有印泥的印盒里，带在身上，随手可用。学校、单位也要给在籍的职工、学生备一个图章，大多是在一爿木片的一头贴一个橡胶压制的名字条，造名册、发成绩报告单等等用得到名字的地方，就敲一个，省得手写哉，这种图章叫"橡皮图章"。

城里要刻图章有专门的店，跑去选块料就解决了。农村就没那么方便了，要刻图章，有时只好随手取材，斫一段白杜的枝条，劈劈小、磨磨平，请村里会刻章的刻一个，或者自己依样画个葫芦，就好派用场了。

白杜这种树也叫丝棉木，是旧时苏州农村常见的野树，木材洁白细腻，不崩不裂，以前刻木图章一般就用它，还可以作为版画用料，或者做一些小木件，都是细巧得很。

白杜的树皮富含硬质杜仲胶，木色比杜仲白，折断后扯开，一丝丝的，故而就有了白杜和丝棉木这两个名字，同是卫矛科的大花卫矛也叫金丝杜仲。白杜椭圆形的叶片，有一个长长的尖突，叶缘密布细齿，叶柄长，到了秋季，绯红一片，和杜梨很像，只不过杜梨的木色是紫膛色，有人说，白杜的名字就是因此而来。

白杜的树根扎得很深，但并不高大，树型婀娜，枝叶轻垂，懒洋洋的，始终一副棠睡初醒的模样。初夏的江南，一片山糊海幔，白杜轻吐兰麝，开出了一簇簇黄

白杜果子

绿色的清新小花，一点也不起眼。如此貌不惊人的花朵，结成的果实却是分外妖娆。
9月份，略带粉色的白杜果张开了四棱，露出亮红色的种子，挂满枝梢，那一份艳
丽娇嫩得极，也是值得赏玩的一味秋色。待到秋深，稀稀落落的红果，在依疏绯叶
的衬托下，更是别有韵致。

白杜

白杜

橙　瓤

　　苏州沿太湖周边，洞庭东山、西山、吴江七都都出产橙子，太湖水暖，故而畏寒的橙子才得安处其间。橙子，苏州人读作"长子"，这是延续了古字"枨"的读法。老苏州印象中有一种吃食，叫"橙瓤"，就是用苏州地产橙子做的，分去皮和带皮两种，冬春之时水果店有售，据说春天带皮的味道最好，酸中带甘，前头辰光的太酸。冷天容易犯肝胃气，吃个一瓣两瓣"枨瓤"，消食通气，就会舒服得多。

　　做橙瓤的橙子是农历十月成熟的黄果子，初秋的青果，其酸无比，以前糖食店里拿来做橙饼、橙糕，七都人还用青橙的汁水腌桂花。橙子的皮香气馥郁，苏州人派它大用场。古代吃生鱼片时，拌点橙皮丝，或蘸点橙酱，解腥提鲜，雅称为"金齑玉脍"。宋朝的梅尧臣说吴江的粳米香，鱼脍鲜，如果再加点橙皮，那更是美羡无比，饭要多吃好几碗，文人的风度只好丢在一边了。做成蜜饯，糖腌的叫"橙丁"，蜜制的为"橙膏"，开胃通气。除了吃，橙子还可以放在衣橱、米缸里，熏香辟虫；也可以手中把玩、盘中清供，闻闻香味，提神醒脑。苏州人实在欢喜，连民国《吴县志》也特地写下了"嗅之则香，食之则美，诚佳果也"的赞美。

　　苏州地产的橙子有四个品种，各有各的用处。做橙瓤的是高形蟹橙，甜多酸少，囊瓣宜食；果皮精油含量特别高，常用来加工陈皮和做糕团、月饼放的"红绿丝"。另外一种扁的蟹橙，果皮粗松，皮辣瓤酸，也叫"臭橙"，一般作为嫁接橘子的砧木。蜜橙皮厚味甜，瓤瓣稍酸，最适宜做带皮的橙瓤；因为皮甜，也是做橙饼、橙糕、橙酱以及蜜饯的佳材。"金齑玉脍"用的是香橙的皮，香橙也叫真橙，皮特别

蟹橙

薄，适合切丝。还有一种"朱栾"，是酸橙的一个品种，就是吴江七都人腌桂花的那种，果实小而圆，皮粗瓣坚，香气淡雅，味道恶酸，入药叫"枳壳"。

柑橘类中，苏州还有一种乡土树种——香圆，产于洞庭东山、西山和常熟，旧时常称其为"香橼"。实际上是，香橼和香圆是两种树。香圆树高大，叶片和橙子一样，大叶连带着小叶，如同葫芦；果实圆形，像个小的柚子，产于长江下游地区。香橼就是枸橼，主要分布在华南一带，一般是大灌木，叶片没有小叶，果实比香圆大，一棱一棱的，皮更厚，香更胜，据记载，明清以来，苏州庭院也有种植。

苏州地产的香圆有细皮、粗皮、癞皮及扁圆等品种。粗皮香圆就是苏州人以前说的香橼，旧时把它的瓤拌了白糖，或做成汤羹，酸酸的，是醒酒的好东西；细皮香圆香味最浓，是案头清供的佳果，苏州人十分喜欢，《长物志》里说"吴人最尚"。癞皮香圆只有洞庭山出产，皮厚色深，极粗糙，绉襞如癞，没有芳香，大多用作砧木。

酸橙

香圆

栀子的花果

冬酿酒的搭档

苏州冬至大如年，前一夕为冬至夜，祀先祭祖，开筵欢饮，特称"冬至夜饭"，赛过大年夜。这在全国独一的习俗，追究起来倒是泰伯遗风，周人认为时交冬至，阴极盛而衰，阳气始萌，故而周历以冬至所在的农历十一月为岁首，虽然后来用夏历了，但是苏州人还一直保持了在冬至夜也要过个年的习惯。

冬至夜饭吃的酒叫"冬酿酒"，是用糯米酿的米酒，一年只吃一次。苏州人酿制冬酿酒时，要放一样东西——栀黄，就是栀子花的果子，一来增色，二来保质。栀子果子形似古器酒卮，生青熟黄，是千百年来的传统黄色染料，也是一味中药，能抑菌消炎。古云，栀子果长大者宜作染料，入药则以小而七、九棱者为良。

栀子花放六出，色洁白，香馥郁。佛曰"闻薝卜香，不闻他香"，俗云栀子即佛门薝卜，苏轼称之"林间佛"，曾慥呼为禅中友，无怪乎其花娱人，其果滋众，芸芸众生于中得之甚溥，《史记·货殖列传》云"栀、茜干石，与千户侯等"。

苏州人自古以来就爱栽植栀子，赏花闻香，就算花败了，也还要再闻一闻，"薝卜嫣黄亦香"，实在欢喜。虎丘人更是专门采摘花苞，暖风微醺之际，"栀子花，白兰花"声声叫卖，女眷们总要卖上几朵，顺手戴在鬓间，一路走，一路香，自己窝心，旁边走过的闻着，也觉神怡。

苏州人闻起栀子花来也有讲究，明人文震亨说"其花不宜近嗅，有微细虫入人鼻"，甜香的栀子花一旦开放，立时成为了虫蚁的乐园，闻起香味来，只能用手轻扇，引香入鼻，这个警戒直到现在还是老人告诉小孙子的必备常识。还有，介壳虫也十分钟情栀子花，民国《吴县志》"介壳虫"条目下特地写了一句"栀子花枝上特多"，可见其情。

"椒球栀实，蕃衍足用"，这是北宋《吴郡图经续记》里的记载，当时，苏州洞庭东山、西山"皆以树桑、栀、柑柚为常产"，作为药材和染料，栀子果实在那时已有专业生产，而且地产的黄栀子供应本地使用绰绰有余。

现在，生产栀子作为一种营生在苏州早已成了烟云，绿化中种植倒仍旧还是主角之一，除了花单瓣能结果的品种外，还有一种重瓣的，花后无果。香花也还仍旧在卖，只不过不是苏州地产的了，大多来自闽浙。

栀子

出头的黄杨

　　偶然看见一株黄杨从人家院落中出墙而立，不少上点年纪的苏州人总会感叹道："哦呦，这支房子是老早的大人家，你看，黄杨都出头哉！"像这样的古黄杨，苏州有 150 余株之多，一株树不经意间显示了吴地的富庶！黄杨长出院墙有什么稀奇的呢？这是因为黄杨生长忒慢，古人甚至有"至闰年反缩一寸"的说法。黄杨厄闰无非是文人的顾物自叹，但"出头"的黄杨确实需要年份的积累。

　　苏州人种黄杨讲究的是"白皮"。"白皮黄杨"一般指的是瓜子黄杨，叶片如同黄埭西瓜子的模样，树干随着树龄增长越发细腻净白，种一株在院子里据说还能辟火镇邪。白皮的黄杨还有一种"锦熟黄杨"，叶片与瓜子黄杨相比显得窄而长，经霜后呈橙色，在苏州有少量种植。

　　黄杨的果实圆圆的，残留着三个花柱，苏州人形象地称其为"三脚香炉"。暑热炎炎，含饴弄孙的爷爷奶奶们，摘一把"三脚香炉"，折几根细竹枝，一阵摆弄，这些"香炉"顿时成了一只只"狮子"，引得牙牙学语的孙辈们乐不可支。

　　黄杨木材细腻坚韧，稍带黄色，叶子略似腺柳、南川柳等大叶子的柳树。如此说来黄杨应该叫黄柳了？古人杨柳不分，《尔雅》曰："杨，蒲柳。"辞书之祖说"杨"这种树就是矮矮的生长在水边的"柳"，故而就叫了"黄杨"。

　　做绿篱的大叶黄杨虽称"黄杨"，实际是卫矛科卫矛属的植物，名字叫冬青卫矛（*Euonymus japonicus*），只是叶片与黄杨略有相似而已。但黄杨科黄杨属确有"大叶黄杨（*Buxus megistophylla*）"，分布在贵州、江西及两广地区。

古黄杨

冬青卫矛

古黄杨的花果

榉树家什

"北榆南榉"，以前，榉树是江南主要的用材树，吴地多湿，唯有榉木无受潮裂曲之忧。榉木以红者为贵，质地坚硬，色调匀和，纹理优美，如同浪尖层叠，素有"宝塔纹"之称，虽非紫檀之属，也自有贵态，较之红木，更为清致。

苏州出产的榉木名叫"杜榉"，纹理更加坚细，为他处所不及，清乾隆《吴县志》云"为桌椅、床榻最佳"，民国《吴县志》也说"作箱案之属甚佳"，历来是苏州民间家什的常用材料，人们爱称其为"江南红木"。苏作榉木家什做工精细，形制规整，经过岁月的洗练，更其隽秀雅静，看着、用着，自然心静三分。

苏州话里，"贵"、"榉"同音，村居人家总喜在屋后种上数株，一来嫁娶之时，可用来置点器具，二来寓寄了一份奢愿，百姓人家总希望子孙后代一"举"成名，富"贵"不断，数百年来，与家前的朴树构成了苏州乡间"前朴后榉"的独特习俗文化，留存的古树、老树比比皆是。

民国《吴县志》云，"榉，乾隆《吴县志》作椐"，榉树在苏州的旧志书里大都写作"椐"，这是缘于《诗经》里的一句话："启之辟之，其柽其椐"。与柽柳为伴，同样可启可辟的树，似乎不会是高挺的榉树。确实，《草木疏》曰："椐，今灵寿木也"，灵寿木是一种出在郴州灵寿山，长不过八九寸，围三四寸，似竹有节的灌木，用来做的手杖名曰"灵寿杖"。据今人考证，灵寿木可能是忍冬科的六道木。

榉树干挺枝秀，扶疏飘逸，直距云霄，春天新绿初染，清雅；时至秋晚，叶红怡人，直有寒山石径之趣。清代苏州地方文献《百城烟水》里引录了一首诗，诗歌

榉树花

描摹了石湖周边道路"青椐间疏柳"的美景，那时，苏州就把榉树用于行道树种植，时下，城乡绿化更是广泛应用。

古代本草书中有"榉树皮"一条，《唐本草》说产这种药树"所在皆有，多生溪涧水侧，叶似樗而狭长，皮极粗浓"；宋朝的《本草衍义》则认为"榉木皮今人呼为榉柳。然叶谓柳非柳，谓槐非槐"，"湖南北甚多，然亦不材也"；李时珍《本草纲目》曰"其树高举，其木如柳，山人讹为鬼柳"，直到吴其濬《植物名实图考》中"榉"条目，所指称的都是胡桃科的枫杨，枫杨亦称榉柳、鬼柳或柜柳。

榉树的果

古榉树

樟木箱

　　三四十年前的苏州，香樟木是一种名贵木材，做成的樟木箱也是奢侈品，那时，并不是户户人家用得起，结婚时有一件，相当有面子，尤其是用江西产的樟木做的更让人羡慕。江西盛产香樟，首府南昌也因树而名"豫章"。

　　樟木细腻坚韧，含有樟脑、樟油，香气浓郁，做成箱橱，是储藏毛货，避免虫蛀的不二之选。苏州人还用樟木来雕刻佛像，直到现在，太湖边的光福还保留着这一手艺。煎木为脑，熬籽为油，提炼出的樟脑、樟油，是做老法樟脑丸的原料，也是一味中药，杀虫、通关窍、利滞气。

　　在宋朝前，苏州地方气温相对较高，香樟、橘子等不耐寒的树所在皆有。宋朝政和元年（1111）春天，伴着突降的暴雪，发生了严重的冻害，橘树一时都被冻死，野生的香樟也只在太湖诸岛得以留存。此后，直到清光绪二十九年（1903），800年间苏州出现过严重冻害15次，就是到了20世纪60年代，苏州冬天的最低温度还经常徘徊在零下七八度，因此，在苏州，香樟长期只是在庭院中零星种植，只有受到太湖庇护的东、西山集中存留了一批树龄500年以上的古樟，数株宋樟、元樟馥郁葱翠，生机勃勃，并且一直有香樟苗木生产，种苗都来自浙江。

　　香樟是优秀的绿化树种，高大雄伟，圆头形的树冠四面匀称地伞张开来，一树成林，往往荫蔽亩许。初夏开出黄白小花，满树裹着一股清香；冬春之际，熟透的小黑浆果，随着淅淅沥沥的细雨，洒落了一地，踩着，在"噗噗"声中，溢出缕缕幽香，和着尚凉的水汽，沁入行人的鼻翼，让人略察了一丝春意。

20 世纪 70 年代，苏州园林绿化部门尝试在留园路种植香樟，作为行道树，因顾忌冬天受冻而多种了一倍，没想到，苏州一直蛮暖热，这些香樟树都长得很好，只是一棵挨着一棵，相拥过密。从此，在缺少常绿绿化树种的苏州，香樟得到了大规模的培育和种植，遍布城乡，1982 年还被定为了"市树"。

古香樟

齐齐柴

"齐齐柴，齐齐柴，老虎山上斫茅柴"，这首苏州洞庭东山的儿歌，唱的是以前山里人日常离不了的树——橡树，一年的柴火都靠它。这种柴叫"栎柴"，比其他树柴都耐烧，火头旺。

橡树在旧时一般指的是壳斗科的麻栎，"无须栽植，野生甚贱"，苏州的山上到处都有。树有二三丈高，长得快，木质硬，而且脆，容易开裂变形，"不堪作材，只可充薪"，因此常跟臭椿搭档，"栎樗"一词也成为无用之材的代指。庄子曾就着臭椿说了句"无用之用"，故而麻栎也跟着沾了光，旧时的文人常用来标榜清高，或者解嘲自己的不得意。譬如，昆山历史上第一位状元，宋朝的卫泾就跟麻栎特别有缘分，弟弟卫堤在石浦造的藏书楼叫"栎斋"，儿子卫骥也人称"栎庵先生"，悠游林下，舒卷有致；潇洒的范石湖在石湖范庄也建有"寿栎堂"，人怕出名猪怕壮，"无用"有时却是长寿的秘方；清朝道光年间，一批文人在苏州成立了"栎社"，评点世事，酬唱诗文，聊此一吐块垒。至俗的"齐齐柴"倒也大雅得极，六爻周始，往往如此。

麻栎每年4月发叶，叶子像栗子树叶而略小，叶缘都是芒刺。据说，新发的嫩叶可当茶叶；老叶经霜，满树蜡染，也是可赏的秋色。5月开青黄色的花，雌花序着生在长长的雄花序基部，果子要到第二年的10月才会成熟。种子就是橡实，苏州人称呼为"橡斗子"，因为麻栎种子外面半包的壳斗有个专称，叫"橡斗"，以前用来做黑色染料。

麻栎

"自冬及于春，橡实诳饥肠"，橡斗子跟栗子一样，富含淀粉和脂肪，是荒年救饥和贫家果腹的至宝。以前苏州赋税特别重，尤其是明洪武到清咸丰这段时期，最低时也是常例的三四倍，有些年份甚至高达十倍，赋甲天下。如此重压下，鱼米之乡的苏州常常有不少人到了冬天没饭吃，这时，橡斗子就派大用场了，"几曝复几蒸，用作三冬粮""厚肠胃，肥健人，不饥"，活人无数，真真功德无量。为什么要"几曝复几蒸"呢？这是因为橡斗子味道苦涩，《救荒本草》里的做法是"换水浸煮十五次，淘去涩味，蒸极熟"，然后才能食用。

区区"无用"的"齐齐柴"，却是可染、可食、可饮、可薪，还可赏，难怪《植物名实图考》的作者吴其濬要由衷盛赞"橡之为用大矣"！

苏州以前称作"橡"的树，除了麻栎，还有栓皮栎、白栎等栎类的树，它们的果子也能吃。栓皮栎和麻栎最像，外观上除了叶片背面有茸毛外，其余几乎都一样。它的树皮特别厚，是做软木的主要原材料。白栎的叶子比麻栎、栓皮栎宽大，呈波浪形，叶缘没有芒刺，基本都长在半山腰以上，石头缝里也能生存，是以前最主要的薪材，一年四季罹受斧斤之灾，因此，本来可长成大树的白栎都成了矮小的灌木。

栓皮栎

白栎的花果

孩儿莲

一双 "古美人"

苏州自唐升为"雄州"之后，一直是人文荟萃、风气为先的富庶之地，外出为官经商习以为常，大有人在。有些爱花之人，在衣锦还乡时，随行带回了自己喜爱的奇花异草，千余年间，屡有记载，只不过大多已成过云，只有少数留存了下来，孩儿莲和美人茶就是其中难得的一对"俏美人"，只不过年纪差了200多岁。

提起苏州东山雕花楼的孩儿莲，赫赫有名，看见过的啧啧赞叹，听说过的思弛神往，毕竟在苏州还是稀奇之物。有人说孩儿莲就是"红茴香"，狭长光亮的叶片闻起来有一股茴香的辛芳味，果子有毒，出在岭南和西南一带。

清朝顺治年间，有一个东山人叫翁汉津，得了功名后，被派到云南河西县，也就是现在的玉溪去当了父母官。一任期满，荣归故里，顺便带了两棵当地的孩儿莲回来。这种在当地常见的树，开花时实在美得醉人，一朵朵棋子般大小，粉嘟嘟的"莲花"，垂挂在一片片绿叶之间，童颜而莲型，满满一树，三四年间，暮春时节，年年如期而至，如友如妾，要离任了，叫人怎生抛舍得下如此红颜？

爱花的翁知县千里迢迢带回来的两棵树，一棵种在了城里百狮子桥赵氏宅内，一棵为东洞庭山的席氏所有，栽在了席家花园。席氏把这棵树珍为奇品，然而年年开花，就是不结果，而且根部也没有萌蘖发出，花主人常常为无法留种而烦恼。后来，有人用过枝法进行繁殖取得了成功，得到了一二十株，而当初从云南移栽过来的那株孩儿莲却枯萎了。现在留存在东山雕花楼小花园内的这棵"孩儿莲"，为民国十一年金锡之造园时姻亲所赠，就是当年的孑遗，树大叶浓，花厚色红，每年花放时节，引来游人如织，都是为了一睹芳容。百狮子桥赵氏宅内的那株，历经易主，最终被周瘦鹃所得，种在了王长河头的"紫兰小筑"，后来也凋敝了。

美人茶，是从日本流入的山茶花园艺品种，花期比山茶早，在 12 月就开放了，粉媚的花瓣伴着嫩黄色的花蕊，简约而多姿，别有韵致，给萧瑟的冬天增添了一抹亮丽。它的雄蕊有 3~4 轮，最外轮花丝连成短管，这种雄蕊植物学上叫"单体雄蕊"，因此美人茶的大名就叫"单体红山茶"。

苏州百年以上的美人茶也只有一棵，在传芳巷城东中心小学内。城东中心小学原为清光绪中建的善行王公祠，是太平天国时助清政府协办盐粮，后又操持苏州公益的王秋恬先生后人设立的义庄公田。祠堂隔壁有一户高氏人家，1939 年，同样热心公益的高德峰先生就租用祠堂办了一所义务小学，隔了两三年，王氏后人主动将祠堂全部产权献给学校，一直延续至今。

王氏祠堂落成时，恰是西学东渐、洋务蓬勃之际，东、西洋的一些观赏树木也随着这股潮流流入了中国，作为一方的乡绅，布置园林时，自然有朋友把这类树木当作珍奇相赠，或者花匠居奇兜售也未可知，那棵美人茶约莫就是这么种在了那里。

古孩儿莲

美人茶

刺槐

两种老牌西洋树

清末民初由西方列强引种到中国的树中，法国梧桐和刺槐是应用较为普遍的两种，在苏州，亦然如此，只是刺槐在 20 世纪 70 年代后就不再发展了。

如今苏州留存最早的法国梧桐是苏州市第五中学里的那株，1892 年美国基督教会传教士海依士博士创办萃英书院时栽下的，株型挺拔，树冠优美，把法国梧桐的魅力展现得淋漓尽致。

法国梧桐的正式名字叫二球悬铃木，是 17 世纪英国人用一球悬铃木和三球悬铃木杂交而成，取名"英国梧桐"，真正的法国梧桐是三球悬铃木，一球悬铃木又称为美国梧桐。清末，法国人把它带到上海，作为行道树栽在了霞飞路（今淮海中路一带），人们见这树的叶片、皮色与梧桐树有点像，又是法国人带来的，就依着叫它"法国梧桐"了，就这样将错就错直到现在。

法国梧桐树冠开张，夏天浓荫蔽日，冬天落叶，不影响日晒，是优秀的行道树。1952 年，苏州在人民路、五卅路、公园路、临顿路、景德路、观前街、十全街、十梓街等主干道种植了第一批法国梧桐行道树；时隔 10 年，又在公园路、五卅路等主次道路两侧种下 1000 多株，此后，多有增益，目前苏州市内大约存留了近 4000 株，一条条林荫道，春有新绿，夏送清凉，秋献黄叶，冬铺煦阳，只是果熟时飘絮有点麻烦。

作为行道树的法国梧桐，修剪至为重要，需要保持"三干六枝"的紧凑树型。所谓"三干六枝"，就是在按一定高度定干后，保留三枝主干，每根主干再各保留两

古法国梧桐

根枝条，形成一个杯状的树冠主骨架，之后，年年要及时修剪，剔除杂枝，一直保持这样的树型，才能形成一条整齐、美观，又不影响交通的林荫道。

刺槐原产北美洲，一般称它洋槐。1898 年德国人侵占山东胶澳后，为了涵养水源和军事隐蔽，开始了大规模植树造林，刺槐作为主要树种之一得到了大量发展。刺槐生长快，树干直，没过几年就可以间伐用材，1906 年时，采伐下的直径 5 厘米的薪碳材每立方米 15.5 元，枝条每立方米 7 元，外加花可以产蜜和当蔬菜食用，经济效益相当可观。因此，刺槐苗木十分畅销，由北向南逐渐推广。

到了民国二十二年（1933），当时的行政院通令长江、黄河、珠江流域各地建设纯粹的保安林，刺槐是长江、黄河流域造林的主要树种，这时期，苏州也采用了刺槐造林，只是旋罹兵燹，所剩无几。新中国成立后，20 世纪 50 年代末至 60 年代初，苏州在平原造林中种植了一定量的刺槐，直到现在，一些村庄的村口仍留有成片的刺槐林，不少农户的家前屋后还有那么几株，镇村道路旁偶尔也能看见散落的一两棵，树形高大，春天满树白花时也是一道风景。

刺槐与槐树的区别主要在于，刺槐枝条有刺，叶片顶端是圆的，春花秋果，果实像扁豆；槐树枝条无刺，叶片顶端有锐尖突，夏花秋果，果实像一串珠子。

法国梧桐

刺槐

狗蝇蜡梅

蜡　盘

路过一墙角，忽闻阵阵幽香，抬头处，原来是蜡梅开了。蜡梅因花香如梅，花质似蜡，"类女工捻蜡所成"而得名。

古人曾将蜡梅归与梅花一类，直至南宋，寓居吴下的石湖范先生才明确指出"蜡梅本非梅类"，并在所著《梅谱》中将蜡梅分为三种：一为狗蝇梅，花小、瓣尖、红心、香淡；一为磬口梅，圆瓣素心，花盛开时，半含如僧磬之口；一为檀香梅，最先开花，素心，花色深黄，香气浓。这个提法一直沿用至今。苏州人赏蜡梅素喜磬口梅、檀香梅，对狗蝇梅则不屑一顾，斥之为下品。

蜡梅呈块状的根颈部，吴地俗称为"蜡盘"，蜡盘越大，这棵蜡梅就越老。所以，品赏蜡梅，论花之外，必谈蜡盘。绿叶婆娑时，看蜡梅先看蜡盘，凭它枝繁叶茂，只要蜡盘不满意，总不能说出一个好字；花香十里时，遇到一棵磬口蜡梅，还是要看一看蜡盘，蜡盘满意，才能舒一口气，称赞一声"好"。

蜡梅是小寒节气的当家花，腊月怒放，故而又称其为"腊梅"。蜡梅花期长，能一直延续到初春梅开时节，一平易，一清高，相映成趣。苏州人爱梅，也爱蜡梅，但似乎与蜡梅更亲热些，常常把无心机、念单纯、力气大、好相处的姑娘比作粗放皮实的蜡梅，苏州弹词里的这类人物往往有个名字叫"大蜡梅"。

磬口梅

参考文献

［1］曹允源等纂.苏州市地方志办公室编.民国吴县志［M］.扬州：广陵书社，2016.

［2］［清］吴其濬.植物名实图考长编［M］.北京：中华书局，1963.

［3］［清］吴其濬.植物名实图考［M］.北京：商务印书馆，1957.

［4］［清］顾禄撰.来新夏点校.清嘉录［M］.上海：上海古籍出版社，1986.

［5］［清］袁景澜撰.甘兰经，乌琴校点.吴郡岁华纪丽［M］.南京：江苏古籍出版社，1998.

［6］［清］顾禄撰.王湜华点校.桐桥倚棹录［M］.上海：上海古籍出版社，1980.

［7］［明］文震亨著.陈植校注.杨伯超校订.长物志校注［M］.南京：江苏科学技术出版社，1984.

［8］夏纬瑛.植物名释札记［M］.北京：农业出版社，1990.

［9］［明］李时珍著.王育杰整理.本草纲目：金陵版排印本［M］.北京：人民卫生出版社，2004.

［10］［后魏］贾思勰著.缪启愉校释.缪桂龙参校.齐民要术校释［M］.北京：农业出版社，1982.

［11］［明］徐光启撰.石声汉校注.西北农学院古农学研究室整理.农政全书校注［M］.上海：上海古籍出版社，1979.

［12］［清］汪灏等编撰.张虎刚点校.广群芳谱［M］.石家庄：河北人民出版社，1989.

［13］［明］王象晋纂辑.伊钦恒诠释.群芳谱诠释（增补订正）［M］.北京：农业出版社，1985.

［14］［宋］范成大著.陆振岳校点.吴郡志［M］.南京：江苏古籍出版社，1986.

［15］［明］王鏊撰.天一阁藏明代方志选刊续编：正德姑苏志（江苏）［M］.上海：上海书店，1990.

［16］［明］牛若麟修.王焕如纂.天一阁藏明代方志选刊续编：崇祯吴县志（江苏）［M］.上海：上海书店，1990.

［17］苏州市虎丘人民公社著.伊明执笔.苏州三种主要茶花的栽培［M］.北京：农业出版社，1960.

［18］《洞庭东山志》编纂委员会.洞庭东山志［M］.上海：上海人民出版社，1991.

［19］王稼句.营业写真：晚清江湖百业［M］.杭州：西泠印社，2004

［20］王稼句.姑苏食话［M］.苏州：苏州大学出版社，2004.

［21］南京林业大学林业遗产研究室主编.熊大桐等编著.中国近代林业史［M］.北京：中国林业出版社，1989.

［22］洪焕春.明清苏州农村经济资料［M］.南京：江苏古籍出版社，1988.

［23］范烟桥.茶烟歇［M］.上海：上海书店，1989.

［24］周瘦鹃，周铮.园艺杂谈［M］.上海：上海文化出版社，1958.

［25］［明］周明华.续修四库全书1119 子部谱录类·汝南圃史［M］.上海：上海古籍出版社.

［26］［宋］陈景沂编.程杰，王三毛点校.全芳备祖［M］.杭州：浙江古籍出版社，2014.

［27］潘少平.佛教小百科28·佛教的植物［M］.北京：中国社会科学出版社，2003.

［28］黄恽，俞友清.《红豆集》缘起——1934年：苏州的红豆之争［J］.苏州杂志，2011,1：36-39.

［29］中国科学院中国植物志编辑委员会.中国植物志［M/OL］.北京：科学出版社，2004.［2017-11-12］.http://frps.eflora.cn.

［30］蒋来清主编.苏州市农业委员会编.苏州农业志［M］.苏州：苏州大学出版社，2012.

后　记

　　2016 年的 9 月底，忽而开了个订阅号，名叫"吉喜圃"，专门发表一些树树木木、花花草草的图文，关于树的内容设了一个专栏——"苏州树事"，断断续续写了一年，倒也积了 80 篇，辑成了这本书。其实，写苏州树事的动意长久了，十余年来，工作、阅读、下乡，一直留意于与树有关的各种信息，譬如某种树俗名是什么、为什么要这么称呼？当地人把某种树拿来派什么用、有什么特殊用处呢？一些果树品种的兴衰又是怎样的演替？一些树入馔、入药有些什么地方特色？种树又有些什么讲究？……林林总总也积累了不少，但自惭笔拙，总不能把这些写下来。

　　后来因着树而结识了数位一门心思拍树的朋友，他们始而专注于古树，继而遍采脚边的美丽，镜头中的树很美，有着各自不同的诠释，意境隽永。正是这些图让我有了满满的自信，胡乱写了这么多文字，图美文拙，在那张张和着作者艰辛、快乐的照片面前，我的文字真是手足无措！

　　说起这些照片中的艰辛，确是切切的艰辛。无论寒暑，只要天气晴和，他们总是餐风饮露，乐此不疲，有时为了拍到一个满意的画面，往往要反复几次，或者蹲守数天。有时，为了取到一个好的角度，往往脑海中别无他物，痴情得不顾了性命，摔摔跌跌是常有的事。

　　说起这些照片中的快乐，倒也是真真的快乐。他们说，寻树、拍树的乐趣在于始终有一种期待，而惊喜总是不期而至。每当拍到了一个新的树种，或者拍到了以

往没有的镜头，或者今年比去年拍得效果更好，已经到了知天命年纪的那些"树痴"们，一准兴奋得如同三岁娃娃含着个棒棒糖般地撒欢，如获至宝似地向着你滔滔不绝，如果不是打心底里的高兴，哪来如此的纯真，他们对树绝无虚情假意。而且，他们还是那么谦逊，怎么也不肯列名于封面，让我独美于前，这大概也是与树打交道的原因吧。

有着这些美图的陪伴，写这本书也是开心的。而且，梳理那些文字、扒落那些记忆，本着有趣、有用，选得那么点带着烟火气的素材，围着树，形成了一个多维、多面体，从而展示了树、人、事这支三棱镜的多彩，从中，自己对树的认知似乎也得到了升华，无论深度，还是广度都有了质的变化，这，更是乐上加乐。

只是，这本着眼于"树事"的书都是嬉笑文章，于专业描述特意作了回避。因为这些树都是常见的，网上一搜，那些植物学的东西什么都清清楚楚了，再去抄一遍实在无聊。虽说是回避，但绝不胡说，还是请了位苏州科技大学的王老师来给我这个植物票友把场，书中涉及植物专业的内容也是一本正经的。参考资料除了书末列出的那些外，还有 1920 年吴县东山人朱琛写的《洞庭东山物产考》、1990 年的油印本《苏州茶叶行业（厂）志（第三篇）》等非正式出版物。

就是这么一本轻轻松松的闲书，本来也不备给它什么报恩谢德之类的责任，可是，天公却不作美，偏偏在中途夺走了参与其事的一位俊英——徐忠界，这位长期致力于古树名木保护的不懈志士离开了我们，每每思及，衷心戚戚，在此，就把这本书作了他的纪念吧！

陶隽超

2017 年 12 月